RECHERCHES

SUR

LES BLÉS, LES FARINES ET LE PAIN

DU MÊME AUTEUR

Formation contemporaine de la zigueline et de la malachite sur d'anciennes monnaies romaines trouvées à Cherchell (*Journal de pharmacie et de chimie*, 1875).

Analyses de koheuls arabes (*Journal de médecine et de pharmacie de l'Algérie*, 1877).

Altération de monnaies d'or (*Journal de pharmacie et de chimie*, 1878).

La pharmacie militaire française de 1630 à 1880 (*Revue scientifique*, décembre 1880).

Sur une cause d'altération des toiles (*Comptes rendus de l'Académie des sciences*, 1881).

Sur un œuf d'autruche ancien (*Comptes rendus de l'Académie des sciences*, 1881).

Travaux scientifiques des pharmaciens militaires français. Paris, Asselin, 1882.

Sur un nouveau mode de préparation du caustique de Canquoin (*Journal de pharmacie et de chimie*, 1885).

Parmentier (*Revue scientifique*, février 1886).

Sur l'altération du taffetas gommé et des peintures à l'huile (*Journal de pharmacie et de chimie*, 1887).

Sur l'altération des instruments en caoutchouc vulcanisé (*Journal de pharmacie et de chimie*, 1887).

Bayen et la pharmacie militaire au XVIIIe siècle (*Revue scientifique*, avril 1887).

Sur le dépôt qui se forme dans le laudanum et les alcoolés d'opium et de quinquina (*Journal de pharmacie et de chimie*, 1888).

Rapport sur les eaux consommées par les troupes du 2e corps d'armée (*Archives de médecine et de pharmacie militaires*, 1888).

Altérations produites par l'acide sulfurique dans les magasins de réserve de l'armée (*Revue du Service de l'intendance militaire*, 1889).

Astier et l'emploi du froid dans la préparation des extraits (*Journal de pharmacie et de chimie*, 1889).

Bayen, Lavoisier et la découverte de l'oxygène (*Revue scientifique*, juin 1890).

Les travaux de Bayen sur l'étain (*Revue scientifique*, octobre 1890).

Recherches sur les cuirs employés aux chaussures de l'armée (*Revue de l'intendance*, 1891).

RECHERCHES

LES BLÉS, LES FARINES & LE PAIN

Par A. BALLAND

PHARMACIEN PRINCIPAL DE L'ARMÉE

CHEF DU LABORATOIRE D'EXPERTISES DU COMITÉ DE L'INTENDANCE MILITAIRE

MEMBRE CORRESPONDANT DE L'ACADÉMIE DE MÉDECINE

—

2ᵉ ÉDITION

PARIS	LIMOGES
11, PLACE SAINT-ANDRÉ-DES-ARTS	46, NOUVELLE ROUTE D'AIXE, 46.

HENRI CHARLES-LAVAUZELLE

Éditeur militaire.

—

1894

PRÉFACE DE LA 1ʳᵉ ÉDITION

PUBLIÉE PAR ORDRE DU MINISTRE DE LA GUERRE

Le Comité technique de l'Intendance militaire, présidé par M. l'Intendant général Thiévard, a estimé qu'il y aurait quelque profit pour ceux qui, dans l'armée, s'intéressent aux questions d'alimentation, à réunir en volume les articles épars que j'ai publiés sur les blés, les farines, le pain, les matières sucrées, etc. Le Ministre de la guerre a partagé les vues du Comité et a ordonné l'impression du présent ouvrage par décision du 12 août 1893.

Laboratoire du Comité de l'intendance.

BALLAND.

Septembre 1893.

PREMIÈRE PARTIE

BLÉS

> « On ne peut bien juger de la bonne ou mauvaise qualité des blés que pour les avoir vus dans les différents états, pour les avoir examinés en différentes saisons et les avoir suivis jusqu'au moulin et chez le boulanger. » PARMENTIER, *Expériences et réflexions sur les blés et les farines*, page 87. Paris, 1776.

PREMIÈRE PARTIE

BLÉS

De l'influence des climats sur la maturation des blés.

De toutes les causes qui agissent sur la maturation des récoltes, il n'en est pas qui aient d'actions plus directes que la chaleur et la lumière. A ce point de vue, il m'a semblé intéressant de rapprocher des observations faites par M. Hervé-Mangon (1) à Sainte-Marie-du-Mont, dans la Manche, quelques observations analogues entreprises à Orléansville, dans notre colonie algérienne.

Donnons d'abord quelques détails sur la climatologie de ce centre agricole, particulièrement favorable à la culture des céréales.

Orléansville se trouve à peu près sous la même longitude que Rouen, par 36°15 de latitude nord, au centre de la vallée du Chéliff et à 136 mètres au-dessus du niveau de la mer. La présence des montagnes, souvent élevées (l'Ouaransenis a une altitude de 1,991 mètres) qui enserrent cette vallée de trois côtés, au nord, à

---

(1) HERVÉ-MANGON, *Des conditions climatologiques des années* 1869 *à* 1879, *en Normandie et de leur influence sur la maturation des récoltes* (*Comptes rendus de l'Académie des sciences* des 10 et 17 novembre 1879.)

l'est et au sud, explique les chaleurs excessives qui y règnent en été. L'hiver y est fort tempéré : les pluies n'apparaissent que vers la fin d'octobre et en novembre et décembre.

Dans la classification des climats algériens proposée par M. Mac-Carthy, Orléansville se rattache au climat maritime.

La température moyenne de l'hiver (décembre, janvier, février) a été de :

11° 77 pour 1876-1877,
9° 71 pour 1877-1878,
11° 96 pour 1878-1879.

La température moyenne de l'été (juin, juillet, août) a été de :

30° 50 en 1877,
29° 70 en 1878.
29° 98 en 1879.

C'est la température moyenne de l'été à Laghouat, qui est en plein climat saharien.

Les plus basses températures s'observent en janvier :

— 1° 5 en 1877,
0° en 1878,
+ 2° 0 en 1879.

Les plus hautes, du 15 juillet au 15 août :

46° 4 en 1877,
47° 8 en 1878,
46° 0 en 1879.

Laghouat atteint à peine 45 degrés.
La température moyenne annuelle a été de :

20° 06 en 1877,
19° 70 en 1878,
19° 40 en 1879.

La pression barométrique moyenne est de 749 milli-mètres.

Les données qui précèdent résultent du dépouillement des observations journalières prises à la station météorologique de l'hôpital militaire d'Orléansville, conformément aux instructions du Conseil de santé des armées (1). Celles qui suivent ont la même origine. La température moyenne de chaque jour a été obtenue en prenant la moyenne entre la température *maximum* et la température *minimum* de la journée; la température moyenne mensuelle est la résultante des températures moyennes journalières.

Températures moyennes mensuelles.

	ORLÉANSVILLE.		
	En 1877.	En 1878.	En 1879.
Janvier	11°00	7°80	11°70
Février	11.70	10.95	12.80
Mars	15.30	13.75	13.80
Avril	18.40	18.50	15.40
Mai	22.50	22.10	18.30
Juin	26.90	26.80	27.60
Juillet	32.00	30.70	30.05
Août	32.60	31.70	32.30
Septembre	27.10	27.20	24.30
Octobre	17.60	22.00	20.90
Novembre	15.20	13.50	16.50
Décembre	10.40	11.40	9.20

Partant de là, et connaissant l'époque exacte, pour un champ donné, des semailles et des récoltes du blé, il nous est facile, ainsi que l'a fait M. Hervé-Mangon, de déterminer le nombre de degrés de chaleur qu'il faut au blé pour arriver à maturité.

Or, du blé semé à Orléansville le 2 novembre 1877 a été récolté le 11 mai 1878 et du blé ensemencé le 14 novembre 1878 était récolté le 15 mai 1879.

---

(1) Insérées au *Formulaire pharmaceutique des hôpitaux militaires de France* de 1870.

Le calcul établi montre que pour atteindre son évolution complète, ce blé a dû emmagasiner 2,498 degrés de chaleur en 1877-1878 et 2,432 degrés en 1878-1879. Ce sont, très approximativement, les chiffres trouvés par M. Hervé-Mangon pour le blé cultivé en Normandie (2,365 degrés pour une moyenne de neuf ans); mais, pour arriver à cette somme de chaleur, le blé en Normandie met en moyenne *deux cent soixante-dix jours,* tandis que dans la plaine du Chéliff il n'en met que *cent quatre-vingts.*

Ces expériences, faites sur des blés de variétés différentes et sous des climats si opposés, offrent un exemple des liens d'étroite affinité qui relient entre eux les individus d'un même genre ; elles prouvent de plus que les dissemblances que l'on constate dans la végétation de régions diverses sont moins profondes qu'un examen superficiel pourrait le faire supposer et qu'elles obéissent en réalité à des lois que de nombreuses et exactes observations météorologiques permettront peut-être un jour de généraliser, au grand profit de l'agriculture.

(*Comptes rendus de l'Académie des sciences,* t. XC, 1880 ; — *Journal de pharmacie et de chimie,* 5ᵉ série, t. I, 1880.)

Mémoire sur les blés germés.

Les pluies persistantes qui, dans le nord de la France, ont tant compromis les dernières récoltes, ont amené sur les marchés de cette région une quantité de blés qui ont été plus ou moins mouillés et, par suite, ont plus ou moins perdu de leur valeur. J'ai cherché, dans les limites où je me trouve, à l'hôpital militaire de Cambrai, les modifications que le blé peut éprouver dans ces conditions particulières au point de vue de l'eau, de l'acidité, du ligneux, des substances azotées et des matières grasses et sucrées.

Avant de donner le résultat de mes expériences, toutes entreprises comparativement, je crois devoir indiquer en quelques lignes les procédés employés :

1° Au fur et à mesure des besoins, le blé a été réduit en farine grossière à l'aide d'un petit moulin à café et la farine utilisée de suite.

2° L'eau, la matière grasse et les sucres réducteurs ont été dosés par les procédés ordinaires.

3° L'acidité, représentée en acide sulfurique mono-hydraté (SO⁴HO), a été prise en traitant 50 grammes de farine par 100 centimètres cubes d'alcool à 90 degrés dans un flacon bouché à l'émeri. On a agité fréquemment et, après un contact de vingt-quatre heures, on a dosé, dans un volume déterminé de l'alcool surnageant, la teneur en acide à l'aide d'une solution de soude au millième rigoureusement titrée. On a pris alternativement comme témoins du papier de tournesol et du papier de curcuma récemment préparés et l'on a tenu compte de la quantité de soude qu'il faut ajouter à un égal volume d'alcool ayant servi à la macération pour atteindre la limite de sensibilité.

4° Le ligneux a été déterminé suivant le procédé Millon, par action successive de l'acide chlorhydrique au vingtième et de la potasse au dixième.

5° Le gluten a été obtenu en malaxant dans un mortier 25 grammes de farine avec 10 grammes d'eau ; le pâton a été abandonné au repos pendant vingt-cinq minutes, puis, soumis à la lévigation sous un mince filet d'eau.

D'autre part, j'ai cherché à comparer la quantité totale des matières azotées en modifiant le mode d'essai proposé autrefois par Robine pour apprécier les farines (1).

J'ai introduit, dans un flacon bouché à l'émeri, 20 grammes de farine et 130 centimètres cubes d'acide

---

(1) L'*appréciateur des farines*, imaginé par Robine, est un aréomètre dont la tige est partagée en divisions allant de 78 à 120 degrés. L'acide acétique employé doit être assez étendu d'eau distillée pour que l'appareil s'y enfonce jusqu'au degré 93, à la température de 15 degrés.

On délaie la farine dans autant de fois 31^{cc},25 d'acide acétique qu'il y a de fois 4 grammes dans la quantité de farine employée pour l'essai. Si l'on opère, par exemple, avec 24 grammes de farine, on prend 6 fois 31^{cc},25, soit 187^{cc},50 d'acide acétique ; on fait le mélange au mortier en ajoutant l'acide peu à peu et, après dix minutes de trituration, on verse le tout dans une éprouvette. On laisse au repos pendant une heure pour permettre à l'amidon et au son de se déposer ; on décante la liqueur surnageante, qui est laiteuse, dans une éprouvette susceptible de recevoir l'appréciateur. Le degré auquel s'enfonce l'instrument (la température du liquide doit être de 15 degrés) indique la quantité de pains de 2 kilogrammes que doivent donner 159 kilogrammes de farine.

On verra plus loin (page 60) que le gluten diminue de plus en plus avec l'ancienneté des farines et se transforme en albumines solubles, de telle sorte que le poids total des matières azotées ne varie pas. Il en résulte qu'une farine venant du moulin et la même farine ayant plusieurs années de mouture (par suite, impropre à la panification) se comporteraient de la même façon avec l'appréciateur Robine ; aussi cet appareil n'est-il pas employé.

acétique de faible densité. Le mélange maintenu à la même température (14 degrés à 15 degrés) a été agité souvent et, après vingt-quatre heures, on a pris, à l'aide d'un densimètre très sensible, la densité du liquide décanté et filtré.

L'acide dilué, en dissolvant le gluten et les autres matières azotées solubles, acquiert, dans ces conditions, une densité proportionnelle à la quantité des matières dissoutes.

Bien qu'approximatif (l'acide acétique dissolvant la dextrine et les sucres), ce mode d'essai donne néanmoins des résultats comparables.

Dans quelques cas, j'ai déterminé le poids des matières solubles dans l'eau froide et, approximativement, la proportion d'albumines qui s'y trouvaient.

6° Tous les résultats ont été calculés pour 100 grammes de blé.

§ I. — Première série d'expériences.

Blé du Nord de qualité moyenne prélevé sur le marché de Cambrai le 30 septembre 1882.

On a fait cinq lots semblables : l'un a été conservé intact et les autres humectés trois fois par jour avec un peu d'eau et remués chaque fois.

Tous ont été placés dans la même pièce, suffisamment aérée et éclairée et à la température constante de 14 degrés à 15 degrés.

1er LOT. — Blé naturel, examiné le 1er octobre 1882.

	Pour 100.
Eau	15.51
Matières salines	1.69
Acidité	0.023
Ligneux	2.43
Gluten humide	22.50
Gluten sec	7.70

2ᵉ LOT. — Blé du 1ᵉʳ lot humecté d'eau les 2 et 3 octobre et examiné le 7, après dessiccation à l'air libre, à la température ordinaire.

	Pour 100.
Acidité	0.025
Glucose	1.56
Matières solubles dans l'eau	6.24
Gluten humide	22.50

3ᵉ LOT. — Blé du 1ᵉʳ lot humecté d'eau du 2 au 6 octobre et examiné le 10, après dessiccation à l'air libre. Le blé, à ce moment, présente des traces de germination.

	Pour 100.
Acidité	0.028
Glucose	2.13
Matières solubles dans l'eau	7.80
Gluten humide	21.50

4ᵉ LOT. — Blé du 1ᵉʳ lot humecté d'eau du 2 au 9 octobre et examiné le 13, après dessiccation à l'air libre. La germination est manifeste.

	Pour 100.
Acidité	0.031
Gluten humide	21.00

5ᵉ LOT. — Blé du 1ᵉʳ lot humecté d'eau du 2 au 12 octobre et examiné le 16, après dessiccation à l'air libre. La germination est très apparente.

	Pour 100.
Eau	15.76
Acidité	0.036
Ligneux	3.30
Gluten humide	17.50
Gluten sec	5.50

REMARQUES

1. Le gluten du 1ᵉʳ lot se formait facilement ; il était consistant, extensible et se développait bien lorsqu'on

le portait brusquement à l'étuve chauffée à 150 degrés (1). Celui du 5⁰ lot se rassemblait difficilement ; il était mou, visqueux, noirâtre et se dilatait fort peu à l'étuve.

. . 2. L'acide acétique de densité 1,017 a pris la densité 1,022 avec le blé du 1er lot et la densité 1,023 avec les blés des 4⁰ et 5⁰ lots.

Lorsqu'on a employé, pour la même quantité d'acide acétique, 40 grammes de farine au lieu de 20, la densité s'est élevée à 1,027 et 1,028.

3. Parmi les matières solubles dans l'eau, il a été constaté une plus forte proportion d'albumines dans le 3⁰ lot que dans le 2⁰.

§ II. — Deuxième série d'expériences.

Blé du Nord de très bonne qualité prélevé sur le marché de Cambrai le 14 octobre 1882.

1er LOT. — Blé naturel.

	Pour 100.
Eau	15.70
Gluten humide	22.50

2⁰ LOT. — Blé du 1er lot humecté d'eau tous les jours du 14 au 21 octobre, examiné le 26, après dessiccation à l'air libre. Germination très apparente.

	Pour 100.
Eau	13.35
Gluten humide	20.00
Matières salines	1.64

---

(1) J'ai renoncé à employer l'aleuromètre Boland, qui ne fournit pas de résultats suffisamment comparables. Il est reconnu, en effet, que cet appareil peut donner avec le gluten d'une même farine des indications contradictoires.

M. Thomas en 1888 et tout récemment M. Thubert ont publié sur ce sujet quelques expériences à signaler :

Le dosage du gluten, l'aleuromètre Boland et le farinomètre Kunis, par le pharmacien principal THOMAS. (*Revue du service de l'intendance,* mars-avril 1888.)

Le gluten et l'aleuromètre Boland, par le pharmacien aide-major THUBERT. (*Revue du service de l'intendance,* mars-avril 1893.)

REMARQUES

Le gluten est de bonne qualité, consistant, très dilatable à l'étuve pour le 1er lot ; pour le 2e lot, il est mou, noirâtre et se développe fort peu à l'étuve.

§ III. — Troisième série d'expériences.

Blé de Bresse de qualité ordinaire prélevé dans les environs de Pont-de-Vaux (Ain). Récolte de 1882.

1er LOT. — Blé naturel.

	Pour 100.
Eau	14.61
Matières salines	1.63
Acidité	0.028
Ligneux	2.60
Glucose	1.30
Matières grasses	1.47
Matières solubles dans l'eau	5.72
Matières solubles dans l'acide acétique dilué	9.62
Gluten humide	16.00

2e LOT. — Blé du 1er lot humecté d'eau pendant dix jours, du 28 novembre au 7 décembre ; examiné le 12 décembre, après dessiccation à l'air libre. La germination est très apparente.

	Pour 100.
Eau	13.90
Matières salines	1.65
Acidité	0.044
Ligneux	3.24
Glucose	3.60
Matières grasses	1.39
Matières solubles dans l'eau	10.40
Matières solubles dans l'acide acétique dilué	11.96
Gluten humide	12.50

REMARQUES

1. Dans le 1er lot, le gluten est de bonne qualité ; il est défectueux dans le 2e lot.

2. La densité de l'acide acétique s'est élevée pour le 1er de 1,017 à 1,021 et pour le 2e de 1,017 à 1,022.

3. Les matières albumineuses provenant du traitement des farines par l'eau froide sont en plus forte proportion dans le blé germé.

D'autre part, on remarquera que la différence de poids des matières solubles dans l'acide acétique dilué correspond exactement à la quantité de glucose produite, soit 2^{gr},30, ce qui prouve que le poids des matières albuminoïdes en solution dans l'acide acétique n'a pas varié.

§ IV. — Quatrième série d'expériences.

1er LOT. — Blé du Nord prélevé sur le marché de Cambrai le 30 septembre 1882; germination très apparente. Examiné le 1er octobre.

	Pour 100.
Eau	16.88
Matières salines	1.59
Acidité	0.039
Ligneux	2.81
Gluten humide	20.00

2e LOT. — Blé du Nord, ne présentant pas de traces de germination, prélevé en même temps sur le même marché. Examiné le 1er octobre.

	Pour 100.
Eau	16.88
Gluten humide	23.00

3e LOT. — Blé du Nord, présentant des traces de germination, prélevé sur le marché de Cambrai le 28 octobre et examiné le 30.

	Pour 100.
Acidité...............................	0.032
Gluten humide........................	16.80

4ᵉ LOT. — Blé du Nord ne présentant pas de traces de germination, prélevé et examiné en même temps que le précédent.

	Pour 100.
Acidité...............................	0.012
Glucose...............................	1.56

REMARQUES

1. Le gluten est de bonne qualité dans le 2ᵉ lot et de qualité défectueuse dans les 1ᵉʳ et 3ᵉ lots.

2. La densité de l'acide acétique dilué s'est élevée, pour les quatre lots, de 1017 à 1022-1023.

3. Le son provenant de la farine qui a servi à l'extraction du gluten, recueilli avec soin sur un tamis et convenablement desséché, a été trouvé en plus forte proportion dans les blés germés.

§ V. — Conclusions générales.

Si l'on compare et discute les résultats qui précèdent, on voit que les blés germés contiennent la même quantité de matières azotées que les blés ordinaires de même provenance; qu'ils sont plus riches en sucre et en ligneux (aux dépens de l'amidon) et plus pauvres en matières grasses : faits conformes aux recherches de M. G. Fleury (1) sur la germination des graines oléagineuses et aux expériences récentes de M. Boussingault (2) sur la végétation dans l'obscurité.

---

(1) *Recherches chimiques sur la germination*, par G. FLEURY, pharmacien aide-major, docteur ès sciences. (*Annales de chimie et de physique*, 4ᵉ série, t. IV, 1865.)

(2) BOUSSINGAULT, *De la végétation dans l'obscurité* (*Annales de chimie et de physique*, 4ᵉ série, t. XIII, 1868).

Ils ne renferment pas plus d'eau que les blés de la même région récoltés dans de bonnes conditions atmosphériques.

Le gluten a été modifié profondément : il a perdu toutes les qualités qui le rendent si précieux dans le travail de la panification ; il est devenu mou, noir, visqueux ; il s'est désagrégé et en partie transformé en albumines solubles.

L'acidité est toujours plus forte : elle paraît en rapport avec le degré d'altération du gluten. Je reviendrai sur ces deux points dans un prochain travail sur la conservation des farines destinées à nos approvisionnements de guerre (1).

(*Journal de pharmacie et de chimie,* 5e série, t. VII, 1883).

---

(1) Voir page 57.

Note sur les blés des Indes.

Les premiers blés venus des Indes ont été assez mal accueillis sur nos marchés; aujourd'hui on les accepte plus volontiers. En les mêlant, en proportions convenables, avec les blés tendres du pays, on obtient des farines très panifiables.

Chargé d'examiner ces farines, j'ai constaté qu'elles renfermaient des légumineuses; et j'en avais conclu qu'il y avait addition d'une petite quantité de farine de légumineuses avec d'autant plus d'assurance que cette addition est assez commune dans le Nord, où elle est tolérée dans de faibles limites.

Le meunier ayant affirmé qu'il n'employait que des blés purs, je demandai à voir ses blés et je trouvai des sacs expédiés de Bombay qui contenaient une proportion relativement considérable de graines de légumineuses. Un échantillon moyen prélevé sur plusieurs sacs m'a donné environ 3 pour 100.

Voici d'ailleurs la liste de toutes les graines étrangères que j'ai pu recueillir dans ces blés des Indes. Elles ont été déterminées au laboratoire des graines du Museum, par mon collègue M. L. Masse, et sont classées suivant leur abondance.

Par leurs dimensions, elles échappent en grande partie à l'action du criblage.

LÉGUMINEUSES

Pour 100.

Vicia peregrina..... environ 1,2
Cicer arietinum..... } id. 0,7
  — var. *Nigrum*.. }
Ervum uniflorum... id. 0,2
Cajanus indicus..... quelques graines.
Acacia ·Lebeck.....   id.
Tamarindus indica..   id. enlevées par le criblage.
Cassia?............   id.
Rynchosia?........   id.

CUCURBITACÉES

Citrullus vulgaris... quelques graines enlevées par le criblage.

EUPHORBIACÉES

Ricinus communis.. quelques graines enlevées par le criblage.

LINÉES

Linum usitatissimum environ 0,05 pour 100.

(*Comptes rendus de l'Académie des Sciences*, t. XCVII,
8 octobre 1883; — *Journal de pharmacie et de
chimie*, 5ᵉ série, t. VIII, 1883.)

Sur le développement du grain de blé.

Les recherches dont je vais exposer les résultats aussi sommairement que possible ont été faites sur des produits retirés de quatre champs différents, trois à proximité d'Amiens et le quatrième dans les environs de Pont-de-Vaux (Ain). Les épis d'Amiens, suivant qu'ils étaient cueillis le matin ou le soir, étaient examinés le jour même ou le lendemain matin ; ceux de Pont-de-Vaux, apportés par la poste dans des boîtes bien closes, étaient analysés de vingt-quatre à trente heures après la récolte.

Pendant toute la durée des expériences, du 16 juin au 2 août 1887, il y a eu très peu de pluie. Dans la Somme, $0^m,009$ en six fois, dont $0^m,004$ le 28 juillet (1); dans l'Ain, quelques pluies d'orage, la plus forte le 26 juin.

Dès l'apparition du grain, j'ai noté les variations successives qu'il a éprouvées dans son poids et dans ses divers principes.

Les quatre champs d'expérience sont représentés par A, B, C, D.

A. *Blé de Bergues*. — Le 17 juin les épis commencent à s'ouvrir, le 23 le grain se forme, le 2 juillet le grain, très mou, est à peu près formé ; le 13 il commence à

---

(1) En 1886, durant la même période, il est tombé à Amiens $0^m,071$ d'eau.

jaunir; récolte le 1er août. 50 épis donnent une moyenne de 40 grains; le plus gros en a 52, le plus petit 29. Bonne récolte.

B. *Blé Chérif.* — Le 17 juin l'épi est en fleurs, le 23 le grain apparaît à peine, il est incomplet le 4 juillet; récolte le 1er août. La moyenne est de 50 grains par épi; le plus gros en a 78, le plus petit 34. Rendement au-dessous de la moyenne; grains maigres.

C. *Blé de Picardie.* — Le 20 juin beaucoup d'épis fermés, quelques-uns en fleurs; le 28 grains en formation, le 8 juillet grains généralement formés, très mous; récolte le 2 août. Moyenne des grains pour 50 épis, 45; le plus gros 59, le plus petit 34. Grains maigres; faible rendement.

D. *Blé de Bresse.* — Le 19 juin grains en formation. Le 23 grains formés. Récolte le 18 juillet. Moyenne des grains par épi, 35; le plus gros 49, le plus petit 28. Bonne récolte.

§ I. — Poids des épis et des grains.

Il est impossible de représenter le poids des épis par une moyenne rigoureuse, car les grains sont en nombre très variable. Le poids moyen des grains est également approximatif, leur grosseur, même à la maturité, étant loin d'être uniforme. La première colonne donne le poids moyen de l'épi d'après cinquante épis cueillis au hasard et coupés immédiatement au-dessus du nœud supérieur. Dans les autres colonnes, on a le poids des grains et le rapport de ces grains à l'épi entier : la moyenne a été prise seulement sur dix épis afin d'éviter des pertes d'eau, car la décortication des premiers grains est longue. D'ailleurs, pour permettre de mieux apprécier la valeur des résultats, on a inscrit à côté le poids moyen de ces dix épis avec la moyenne des grains par épi.

Dates des prises.	Poids moyen de l'épi d'après 50 épis.	Poids moyen de l'épi d'après 10 épis.	Poids moyen de 100 grains.	Moyenne des grains par épi.	100 gr. d'épis renferment	
	gr.	gr.	gr.		Grains.	Autres parties
					gr.	gr.
A. 23 juin, matin..	1.37	1.44	1.38	44	42.4	57.6
2 juillet, soir...	1.80	1.84	2.99	40	65.4	34.6
13 juillet, matin.	3.03	3.38	6.06	44	79.7	20.3
23 juillet, matin.	2.56	2.52	6.10	34	82.6	17.4
1er août........	1.94	2.26	4.55	40	79.7	20.3
B. 23 juin, matin.	1.57	»	»	»	»	»
4 juillet, matin	2.73	2.71	3.52	49	64.0	36.0
13 juillet, matin	4.05	4.58	5.46	65	76.3	23.7
23 juillet, matin	3.03	3.23	6.01	44	82.6	17.4
1er août........	1.93	1.90	3.67	42	79.9	21.1
C. 20 juin, matin.	1.47	»	»	»	»	»
28 juin, soir...	1.62	1.73	0.87	50	25.3	74.7
8 juillet, matin	2.48	2.59	3.42	51	68.8	31.2
21 juill·t, matin	2.46	2.27	4.20	43	79.2	20.8
2 août	1.90	1.92	3.84	40	80.2	19.8
D. 19 juin	1.01	0.97	1.30	34	44.9	55.1
23 juin........	1.45	1.64	2.60	38	59.8	40.2
3 juillet......	2.31	2.36	5.18	38	76.4	23.6
13 juillet......	2.58	2.58	6.60	32	81.7	18.3
18 juillet......	1.95	1.95	4.98	32	80.0	20.0

Cet exposé montre que le poids de l'épi s'élève rapidement pour atteindre son maximum dans les trente jours qui suivent la floraison; il diminue ensuite progressivement pendant les quinze jours qui précèdent la récolte. Le grain suit la même évolution, mais il n'atteint son maximum de poids que quelques jours plus tard. Inversement, les autres parties de l'épi (rachis et balle) vont en diminuant jusqu'au moment où le grain atteint son maximum; elles sont alors aux grains, à peu près, dans le rapport de 1 à 4. Ce rapport varie peu jusqu'à la maturité complète.

Pendant que s'accomplissent ces transformations extérieures, voyons ce qui se passe à l'intérieur.

§ II. — Eau.

La dessiccation a été faite à l'étuve de Coulier en chauffant progressivement et en maintenant une température de 100 degrés à 105 degrés pendant six heures.

On a opéré simultanément sur deux épis entiers et sur les grains et les enveloppes (1) séparés de deux autres épis.

Dates des prises.	100 gr. épis contiennent		100 gr. grains contiennent		100 gr. enveloppes contiennent	
	Eau.	Matières sèches.	Eau.	Matières sèches.	Eau.	Matières sèches.
	gr.	gr.	gr.	gr.	gr.	gr.
A. 23 juin ...	62.4	37.6	73.4	26.6	53.7	46.3
2 juillet ..	59.1	40.9	67.8	32.2	42.3	57.7
13 juillet ..	46.4	53.6	46.5	53.5	40.6	59.4
23 juillet ..	34.6	68.4	34.9	65.1	26.5	73.5
1er août ...	10.8	89.2	11.3	88.7	9.1	90.5
B. 23 juin	62.6	37.4	»	»	»	»
4 juillet ..	63.8	36.2	69.9	30.1	51.7	48.3
13 juillet ..	53.4	46.6	55.8	44.2	47.8	52.2
23 juillet ..	37.2	62.8	38.2	61.8	28.5	71.5
1er août ...	11.0	89.0	11.8	88.2	9.5	90.5
C. 20 juin	65.2	34.8	»	»	»	»
28 juin	59.9	40.1	79.3	20.7	55.3	44.7
8 juillet ..	51.8	48.2	52.9	47.1	43.7	56.3
21 juillet ..	42.0	58.0	44.9	55.1	36.6	63.4
2 août ...	12.2	87.8	13.5	86.5	8.8	91.2
D. 23 juin ...	57.3	42.7	63.0	37.0	51.6	48.4
3 juillet ..	48.5	51.5	50.2	49.8	42.9	57.1
13 juillet ..	34.0	66.0	36.5	63.5	22.7	77.3
18 juillet ..	12.0	88.0	12.9	87.1	8.8	91.2

OBSERVATIONS

I. Ces résultats étant acquis, si nous ramenons, par le calcul, le poids des grains et des épis donnés précé-

---

(1) Comprenant le rachis et la balle, c'est-à-dire toutes les parties de l'épi autres que le grain.

demment, de l'état vif à l'état sec, c'est-à-dire de l'état normal à l'état de siccité complète, nous voyons que l'épi et le grain, huit à dix jours avant l'époque habituelle de la moisson, ne gagnent plus de matières fixes. En effet nous avons :

	POIDS MOYEN du l'épi		POIDS MOYEN de 100 grains	
	vif.	sec.	vifs.	secs.
	gr.	gr.	gr.	gr.
A. 23 juin	1.37	0.51	1.38	0.37
2 juillet	1.80	0.73	2.99	0.96
13 juillet	3.03	1.62	6.06	3.26
23 juillet	2.58	1.75	6.10	3.97
1ᵉʳ août	1.94	1.73	4.55	4.03
B. 23 juin	1.57	0.59	»	»
4 juillet	2.73	0.99	3.52	1.06
13 juillet	4.05	1.89	5.46	2.41
23 juillet	3.03	1.90	6.01	3.71
1ᵉʳ août	1.93	1.70	3.67	3.24
C. 20 juin	1.47	0.51	»	»
28 juin	1.62	0.65	0.87	0.18
8 juillet	2.48	1.20	3.42	1.61
21 juillet	2.46	1.43	4.20	2.31
2 août	1.90	1.67	3.84	3.32
D. 23 juin	1.45	0.61	2.60	0.96
3 juillet	2.31	1.19	5.18	2.58
13 juillet	2.58	1.70	6.60	4.19
18 juillet	1.95	1.71	4.98	4.33

II. L'épi et les grains avant la maturité perdent très facilement l'excès d'eau qu'ils renferment.

De jeunes grains et de jeunes épis, abandonnés pendant deux heures à l'air libre perdent 8 pour 100; au bout de quelques jours, ils ne retiennent plus que 14 à 15 pour 100 d'eau.

Des épis cueillis huit jours avant la récolte perdent, en trois jours, 25 pour 100. Même perte pour les grains préalablement séparés de l'épi. Les épis et les grains contiennent alors 11 à 13 pour 100 d'eau, c'est-à-dire la même quantité qu'à la maturité complète. On sait, d'ailleurs, que les blés récoltés par un temps pluvieux ne retiennent pas plus d'eau que les blés récoltés par un temps sec (1).

La perte d'eau, dans le grain, s'effectue par toute sa surface. Des grains gorgés d'eau dont le hile a été bouché avec soin ont perdu, dans un temps donné, presque autant que les grains dont le hile est resté ouvert.

Voici quelques chiffres à ce sujet :

Sur des lames de verre enduites d'une mince couche de mastic ordinaire des vitriers, on a fixé des grains de manière que le hile plongeât entièrement dans le mastic, puis on a placé ces préparations dans une terrine contenant de l'eau à la température ordinaire. Après six heures, le poids des grains a augmenté de 9,1 pour 100, et après vingt-quatre heures, de 18,7 pour 100.

Les mêmes expériences, entreprises comparativement avec des grains fixés par la pointe opposée au hile, ont donné, après six heures, une augmentation de 16,3 pour 100, et après vingt-quatre heures, 31,9 pour 100.

Les grains plongés directement dans l'eau ont donné 19,3 et 33,5 pour 100.

Inversement, des grains ayant séjourné dans l'eau pendant vingt-quatre heures ont été partagés en trois lots et exposés en même temps à l'air libre, à l'abri du soleil.

Pour le premier, les grains ont été fixés dans le mastic, de façon à empêcher toute communication du hile avec l'air ; pour le second, les grains ont été fixés de manière à ménager cette communication ; pour le troisième, les grains n'ont subi aucune manipulation.

La perte a été :

	Après 6 heures, pour 100.	Après 24 heures, pour 100.
1er lot	13.6	20.7
2e lot	16.4	23.5
3e lot	17.6	26.8

(1) Voir page 21.

III. Le rachis est à la balle dans un rapport qui oscille entre $\frac{1}{3}$ et $\frac{1}{4}$...

IV. Lorsque le grain vient d'atteindre son maximum de poids, il y a moins d'eau dans le rachis que dans la balle. L'écart, qui est alors de 7 à 8 pour 100, a disparu à la maturité.

V. Les matières desséchées perdent, par la chaleur de l'étuve, leur coloration verte et prennent la teinte jaune des épis mûrs.

CONCLUSIONS

1. L'eau va en diminuant progressivement dans le grain de blé depuis son apparition jusqu'à sa maturité ; elle descend de 80 à 12 pour 100 (1).

2. Dans les autres parties de l'épi, elle tombe de 56 à 9 pour 100.

3. Vers le trentième jour après la floraison, il y a un moment où l'épi et le grain renferment la moitié de leur poids d'eau.

4. Dès que le grain a atteint son maximum de poids, c'est-à-dire vers le trente-cinquième jour après la floraison, il ne reçoit presque plus de matières assimilables de l'épi et perd de l'eau.

§ III. — Cendres.

Les cendres ont été obtenues par l'incinération des produits ayant servi aux dosages de l'eau. Ces produits ont été préalablement broyés au mortier.

---

(1) Il y a loin de là aux faibles écarts signalés par M. Reiset [*Mém. sur la valeur des grains alimentaires (Annales de chimie et de physique*, 3e série, t. XXXIX, 1853)]. Dans ses expériences, le grain de blé ne renferme que 17,41 pour 100 d'eau, le 15 juillet ; 16,94 le 21 et 16,54 à la récolte. Nous avons vu plus haut avec quelle étonnante rapidité les grains se dessèchent à l'air libre : le dosage de l'eau a dû être fait, sans doute, plusieurs jours après la coupe de l'épi.

POUR 100 GRAMMES.

	D'ÉPIS		DE GRAINS		D'ENVELOPPES	
	à l'état normal. gr.	à l'état sec. gr.	à l'état normal gr.	à l'état sec. gr.	à l'état normal. gr.	à l'état sec. gr.
A. 23 juin......	1.71	4.54	»	»	»	»
2 juillet......	2.13	5.21	0.63	1.95	5.13	8.89
13 juillet....	1.90	3.91	1.09	2.03	4.91	8.26
1er août.....	2.86	3.20	1.85	2.08	7.11	7.82
B. 23 juin......	1.23	3.28	»	»	»	»
4 juillet	1.49	4.11	0.71	2.35	3.12	6.45
1er août.....	2.55	2.86	1.39	1.57	5.81	6.41
C. 20 juin.......	0.80	2.29	»	»	»	»
28 juin......	1.04	2.59	0.64	3.09	1.16	2.59
8 juillet	1.77	3.67	1.31	2.73	2.58	4.58
21 juillet	2.04	3.51	1.42	2.57	4.78	7.54
2 août.......	2.67	3.04	1.93	2.23	5.48	6.00
D. 23 juin	1.93	4.51	0.72	1.94	3.26	6.73
3 juillet......	2.46	4.77	1.04	2.08	6.88	12.04
13 juillet	2.79	4.23	1.40	2.20	8.33	10.77
18 juillet	»	»	1.72	1.98	9.37	10.27

OBSERVATIONS

I. En rapprochant ces résultats du poids moyen des grains et des épis exposé plus haut, on voit que longtemps avant la récolte tout apport de matières minérales cesse dans l'épi d'abord, puis dans le grain.

II. Pendant que l'épi est peu avancé, l'incinération est assez rapide, mais, par la suite, elle devient fort longue et les cendres sont moins blanches.

III. La proportion des cendres aux différentes époques a toujours été moins élevée dans le rachis que dans la balle. Il n'y a pas de relations bien établies. Ainsi on a trouvé pour 100 parties de matière à l'état sec.

		Balle.	Rachis.
A.	1er août.................	7.94	4.50
C.	8 juillet.................	5.29	1.81
	1er août.................	6.38	2.77
D.	13 juillet.................	11.10	3.33

IV. Les cendres provenant du grain contiennent peu de silice et beaucoup de phosphates; celles des autres partıes de l'épi contiennent, au contraire, peu de phosphates et beaucoup de silice (45 à 50 pour 100). Il y a donc sélection pendant le passage de l'épi au grain.

CONCLUSIONS

1. Le poids des substances minérales fournies par le grain est en rapport constant avec le poids des matières fixes. Elles suivent le développement du grain. La proportion dans les différents blés est peu variable ; elle se rapproche de 2 pour 100.

2. Il n'en est plus de même dans les autres parties de l'épi. Les matières minérales vont en augmentant au début, puis elles diminuent sensiblement en passant des parties voisines du grain au grain lui-même. Elles sont en proportions bien différentes (3 à 12 pour 100), suivant le degré de maturité de l'épi, la variété du blé, la nature du sol, des engrais, etc. Leur composition aussi n'est plus la même : d'un côté, la silice domine et, de l'autre, l'acide phosphorique.

§ IV. — Matières grasses.

On a opéré pour les matières grasses comme on l'a fait pour l'eau, c'est-à-dire qu'au lieu de prendre, par exemple, 5 grammes d'enveloppes (rachis et balle), ou de graıns retirés d'un nombre variable d'épis, on n'a pris que les grains et les enveloppes de trois épis. Les produits ont été séchés à l'étuve, à une température inférieure à 100 degrés, puis désagrégés au mortier et épuisés par l'éther, suivant les indications contenues dans mes recherches sur les farines (1).

---

(1) Voir page 100.

	POUR 100 GRAMMES.				
	D'ÉPIS à l'état sec.	DE GRAINS		D'ENVELOPPES	
		à l'état normal.	à l'état sec.	à l'état normal.	à l'état sec.
	gr.	gr.	gr.	gr.	gr.
A. 13 juillet....	2.06	1.19	2.22	0.85	1.43
23 juillet....	1.56	1.01	1.56	1.19	1.61
1er août.....	1.86	1.83	2.06	0.32	0.35
B. 4 juillet.....	1.17	0.27	0.89	0.72	1.49
13 juillet....	2.58	1.29	2.69	0.86	1.64
23 juillet....	1.71	1.00	1.61	1.49	2.08
1er août.....	1.59	1.75	1.98	0.43	0.47
C. 8 juillet.....	1.67	0.69	1.46	0.99	1.75
21 juillet....	1.96	1.03	1.86	1.46	2.30
2 août.......	1.42	1.44	1.66	0.46	0.50
D. 3 juillet.....	»	1.25	2.31	0.78	1.36
13 juillet....	2.21	1.03	1.65	1.11	1.43
18 juillet....	1.61	1.31	1.50	0.65	0.71

OBSERVATIONS

I. Si le dosage des matières grasses dans les farines peut se faire avec avantage, comme je l'ai indiqué autrefois, sans dessiccation préalable, il n'en est pas de même pour des produits contenant plus de 15 pour 100 d'eau. L'éther dilué par l'eau de végétation entraîne d'autres principes que les matières grasses et les résultats sont incertains.

II. Au début, les matières grasses sont teintées par la chlorophylle et ont une odeur herbacée ; cette odeur et la teinte verte disparaissent peu à peu avec la maturité. Les matières grasses contenues dans le grain sont toujours plus aromatiques que celles des autres parties de l'épi, qui présentent une odeur vive et pénétrante.

III. Toutes ces matières tachent fortement le papier, et la tache est aussi persistante que celle que l'on obtient avec l'huile d'olive essayée comparativement.

IV. Elles existent dans la tige en proportion moins élevée que dans l'épi, où elles vont se déverser.

V. Contrairement aux expériences de M. Péligot (1), publiées en 1849, j'ai toujours pu retirer le gluten des blés épuisés par l'éther. L'éther doit être entièrement chassé et ne contenir aucune trace d'acide acétique ou d'alcool qui suffisent pour rendre le gluten filant et l'empêcher de se rassembler.

VI. Dans l'épi coupé avant la maturité, les matières grasses vont en diminuant vers un minimum qui, pour les grains, se rapproche assez du poids trouvé dans les blés récoltés depuis longtemps. Il y a transformation. Dans les autres parties de l'épi, la diminution peut s'expliquer par le passage des matières grasses dans le grain après la coupe de l'épi. Ainsi, des épis coupés aux dates suivantes ont donné quelques jours plus tard, alors qu'après dessiccation à l'air ils ne contenaient plus que 10 à 15 pour 100 d'eau :

	Pour 100 gr. de grains anhydres.		Pour 100 gr. d'enveloppes anhydres.	
	De suite.	Plus tard.	De suite.	Plus tard.
	gr.	gr.	gr.	gr.
B. 13 juillet..	2.69	1.82	1.61	1.32
23 juillet..	1.61	1.54	2.08	1.13
1er août...	1.98	1.50	0.47	0.49
C. 8 juillet..	1.46	0.57	1.75	0.65
21 juillet..	1.86	1.43	»	»
2 août...	1.66	1.45	0.50	0.50
D. 3 juillet..	2.51	1.39	1.36	0.98
13 juillet..	1.65	1.52	1.43	0.75
18 juillet..	1.50	1.50	0.71	0.71

CONCLUSIONS

1. Les matières grasses sont en assez faible quantité dans l'épi.

2. Dans le grain, elles restent en rapport à peu près

---

(1) Péligot, *Sur la composition du blé* (*Annales de chimie et de physique*, 3e série, t. XXIX, 1850, page 23).

constant avec le poids des matières fixes; elles vont, au contraire, en disparaissant dans les autres parties de l'épi. Elles passent toutes formées de celles-ci dans le grain, où elles éprouvent une transformation partielle. Dans le grain à maturité, elles n'atteignent pas 2 pour 100.

§ V. — Ligneux.

On a opéré sur les produits provenant du dosage des matières grasses. La matière a été chauffée dans une capsule avec 50 à 100 centimètres cubes d'acide chlorhydrique à 5 pour 100 (suivant le volume de la matière soumise à l'analyse). On a maintenu l'ébullition pendant quinze à vingt minutes, en s'assurant en particulier pour les grains que tout l'amidon est bien transformé. On a jeté sur un filtre sans plis, et le résidu humide, détaché avec soin, a été traité comme précédemment par 50 ou 100 centimètres cubes d'une solution de potasse à 10 pour 100, chauffé à l'ébullition pendant quinze à vingt minutes et jeté sur filtre. On a lavé à l'eau bouillante de façon à entraîner toute trace d'alcali, et le ligneux enlevé avec soin a été séché et pesé.

	Pour 100 gr. d'épis à l'état sec.	Pour 100 gr. de grains		Pour 100 gr. d'enveloppes	
		à l'état normal.	à l'état sec.	à l'état normal.	à l'état sec.
	gr.	gr.	gr.	gr.	gr.
A. 17 juin......	30.00	»	»	»	»
2 juillet......	16.57	1.07	3.32	18.93	32.8
13 juillet.....	9.14	1.32	2.46	20.00	33.6
23 juillet.....	7.03	1.09	1.67	22.43	30.5
1er août......	9.36	2.14	2.41	32.78	36.1
B. 13 juillet.....	12.24	1.21	2.74	20.51	39.2
23 juillet.....	8.22	2.29	2.70	24.73	34.6
1er août......	11.29	1.90	2.15	35.12	38.8
C. 20 juin	27.00	»	»	»	»
28 juin	21.89	1.71	8.26	11.01	24.6
8 juillet......	14.81	2.50	5.30	16.94	30.1
21 juillet.....	7.41	1.80	3.27	24.00	37.8
2 août.......	8.06	1.64	1.89	29.75	32.6

	Pour 100 gr. d'épis	Pour 100 gr. de grains		Pour 100 gr. d'enveloppes	
	à l'état sec.	à l'état normal.	à l'état sec.	à l'état normal.	à l'état sec.
	gr.	gr.	gr.	gr.	gr.
D. 23 Juin	26.70	4.20	11.35	22.79	47.0
3 juillet......	12.67	1.20	2.41	17.40	30.4
13 juillet.....	9.33	1.42	2.23	27.44	30.1

CONCLUSIONS

1. Dans le grain, à ses débuts, le ligneux est en plus forte proportion que dans le grain à maturité. On sait, en effet, que presque tout le ligneux du grain se trouve dans le périsperme qui se forme le premier et doit emmagasiner le gluten et l'amidon. Il en résulte que les grains maigres sont les plus riches en ligneux et que plus il y a de gluten et d'amidon, plus la proportion de ligneux baisse.

2. Dans les autres parties de l'épi, le poids du ligneux varie peu. Il apparaît comme un produit stable qui se formerait à l'origine.

Dans le grain à maturité, il atteint à peine 2 pour 100; dans les autres parties de l'épi (rachis et balle), il atteint en moyenne 30 pour 100.

§ VI. — Acidité.

L'acidité est représentée en acide sulfurique monohydraté (SO^3HO). Les produits à l'état vif, prélevés comme il est dit pour l'eau, ont été mis dans de petits flacons à large ouverture, bouchés à l'émeri, désagrégés autant que possible à l'aide de fines pincettes et laissés en contact pendant au moins vingt-quatre heures avec un volume déterminé d'alcool à 90 degrés. L'acidité de la solution alcoolique a été prise avec une solution titrée de soude en se servant comme témoin du papier de curcuma récemment préparé (1).

	Pour 100 gr. d'épis à l'état sec.	Pour 100 gr. de grains		Pour 100 gr. de grains	
		à l'état normal.	à l'état sec.	à l'état normal.	à l'état sec.
	gr.	gr.	gr.	gr.	gr.
A. 17 juin......	0.218	»	»	»	»
2 juillet......	0.099	0.034	0.105	0.054	0.093
13 juillet.....	0.039	0.017	0.031	0.043	0.072
1er août......	»	0.016	0.018	»	»
B. 17 juin......	0.179	»	»	»	»
4 juillet......	0.104	0.028	0.093	0.057	0.118
13 juillet.....	0.061	0.022	0.049	0.049	0.093
1er août......	»	0.015	0.016	»	»
C. 20 juin......	0.181	»	»	»	»
28 juin......	0.160	0.093	0.449	0.056	0.102
8 juillet......	0.059	0.023	0.048	0.040	0.071
21 juillet.....	0.063	0.024	0.043	0.081	0.127
2 août.......	0.017	0.012	0.013	0.040	0.043
D. 23 juin......	0.167	0.061	0.164	0.101	0.208
3 juillet......	0.065	0.032	0.064	0.067	0.117
13 juillet.....	0.061	0.027	0.042	0.101	0.130
18 juillet.....	»	0.012	0.013	»	»

OBSERVATIONS

I. Dans l'épi coupé avant la maturité, l'acidité va en diminuant dans le grain. Ainsi on a trouvé pour 100 grammes de grains (calculé à l'état sec) :

	De suite.	Plus tard.
	gr.	gr.
D. 23 juin.............	0.164	0.009
3 juillet.............	0.064	0.019
13 juillet............	0.042	0.013
18 juillet............	0.012	0.013

Dans les autres parties de l'épi, elle éprouve peu de changements ; il y a donc un lien étroit entre l'acidité et le travail d'élaboration qui s'accomplit dans le grain.

---

(1) Le mode opératoire est exposé plus longuement dans mes *Recherches sur les farines* (voir page 108).

II. Dans la tige en pleine période d'activité, l'acidité est plus élevée que dans l'épi. On a trouvé pour 100 grammes de produits (calculé à l'état sec) :

B. 4 juillet.

	gr.
Tige	0.207
Épi entier.	0.104
Rachis et balle.	0.118
Grains	0.093

III. Au début, les liqueurs alcooliques dans lesquelles on dose l'acidité sont fortement colorées en vert. Cette coloration disparaît rapidement au soleil sans que l'acidité soit modifiée.

CONCLUSIONS

L'acidité du suc nourricier apporté par la tige va en diminuant dès qu'il a passé de l'épi dans le grain. Elle tombe de $0^{gr},095$ à $0^{gr},012$ pour 100. La diminution se rattache à l'accroissement du gluten et de l'amidon.

§ VII. — Matières sucrées.

On a traité les grains entiers, à l'état normal, par l'eau à l'ébullition pendant quelques minutes afin d'éviter la formation de l'empois. On les a broyés au mortier, on a ajouté de l'eau, de façon à avoir, après refroidissement, un volume déterminé ; on a agité fréquemment, et, après quelques heures de contact, on a dosé le sucre à l'aide de la liqueur cupropotassique (1).

On a fait de même pour les autres parties de l'épi et les épis entiers, en se plaçant d'ailleurs pour les prises d'essais dans les mêmes conditions que précédemment.

____

(1) Voir page 111.

	POUR 100 GRAMMES					
	D'ÉPIS		DE GRAINS		D'ENVELOPPES	
	à l'état normal.	à l'état sec.	à l'état normal.	à l'état sec.	à l'état normal.	à l'état sec.
	gr.	gr.	gr.	gr.	gr.	gr.
A. 17 juin........	2.38	4.89	»	»	»	»
23 juin........	1.65	4.42	»	»	»	»
2 juillet.......	1.40	3.42	2.80	8.69	1.80	3.11
13 juillet......	1.19	2.22	»	»	1.75	2.94
23 juillet......	1.09	1.59	»	»	»	»
1er août.......	Traces.	Traces.	»	»	»	»
B. 17 juin........	1.80	4.58	»	»	»	»
23 juin........	1.26	3.36	»	»	»	»
13 juillet......	1.13	2.42	»	»	»	»
23 juillet......	0.94	1.49	»	»	»	»
1er août.......	Traces.	Traces.	»	»	»	»
C. 16 juin........	3.37	13.01	»	»	»	»
20 juin........	3.10	8.90	»	»	»	»
28 juin........	2.18	5.43	2.09	10.09	2.09	4 67
8 juillet.......	2.53	5.24	2.28	4.84	2.90	5.15
21 juillet......	1.41	2.43	0.67	1.21	1.50	2.36
2 août........	Traces.	Traces.	Traces.	Traces.	Traces.	Traces.
D. 19 juin........	1.74	»	1.58	»	1.81	»
23 juin........	1.67	3.91	1.73	4.67	1.59	3.29
3 juillet.......	0.96	1.85	0.89	1.79	1.23	2.15
13 juillet......	0.87	1.51	0.80	1.26	1.56	2.01
18 juillet......	Traces.	Traces.	Traces.	Traces.	Traces.	Traces.

OBSERVATIONS

I. Des épis, à peine ouverts, où le grain n'existe pas encore, ont été traités par l'eau à l'ébullition. Le liquide filtré a été partagé en deux lots : dans l'un, on a dosé directement le sucre ; dans l'autre, le dosage n'a été fait qu'après ébullition, avec quelques gouttes d'acide chlorhydrique. La quantité de sucre trouvée de part et d'autre est la même : il n'y a donc pas de sucre de canne dans l'épi.

II. En appliquant les mêmes opérations à des épis plus avancés où le grain a fait son apparition, le sucre trouvé après le traitement par l'acide chlorhydrique est en plus forte proportion. Mais alors il y a de l'amidon :

cet amidon, facile à caractériser par la teinture d'iode et le microscope, vient du grain et non des autres parties de l'épi, qui en sont dépourvues.

III. Si, au lieu de faire agir l'acide chlorhydrique sur des solutions filtrées, on traite directement l'épi par l'eau acidulée à l'ébullition, la proportion de sucre dans l'épi, avec ou sans amidon, c'est-à-dire avant ou après l'apparition du grain, est beaucoup plus considérable. L'amidon seul n'est donc pas transformé en sucre réducteur; une partie du ligneux l'est aussi.

IV. L'eau dans laquelle on a fait bouillir des grains entiers, non mûrs, que l'on a écrasés ensuite pour éviter la formation de l'empois, examinée à plusieurs jours d'intervalle, contient la même quantité de sucre réducteur : les ferments naturels du blé n'agissent pas.

Dans les macérations à l'eau froide, conservées à une température de $20°$ à $25°$, très favorable à l'action des ferments, la quantité du sucre, au contraire, va en augmentant progressivement et, après avoir atteint son maximum, finit par disparaître. A un moment donné, il y a même plus de sucre dans cette solution que dans la liqueur qui a été soumise à l'ébullition. Il y a donc formation de sucre aux dépens de l'amidon et le ferment dans les jeunes grains est déjà aussi actif qu'il le sera plus tard dans le grain mûr (1).

V. Des épis, cueillis avant maturité, ont été partagés en deux lots : dans l'un on a dosé immédiatement le sucre; dans l'autre, le dosage n'a été fait que quelques jours plus tard, après dessiccation des épis au grand air. Les résultats, ramenés par le calcul à 100 grammes de matière privée d'eau, ont été les suivants :

---

(1) On sait que les grains de blé germent avant d'avoir atteint la moitié de leur dimension normale et qu'ils produisent des plantes aussi vigoureuses que les grains de semence. (VAN TIEGHEM, *Botanique*, p. 897. Paris, Savy, 1884.)

	GRAINS.		RACHIS ET BALLE.	
	De suite. gr.	Plus tard.	De suite. gr.	Plus tard. gr.
A. 13 juillet............	1.47	Traces.	2.94	3.20
B. 13 juillet............	1.87	Traces.	2.49	2.30
C. 8 juillet............	4.84	Traces.	5.15	7.70
D. 25 juin............	4.67	Traces.	3.29	3.95
4 juillet............	1.79	Traces.	2.15	1.83
13 juillet............	1.26	Traces.	2.01	Traces.

Ainsi le sucre continue à se transformer dans l'épi que l'on vient de couper. Cette transformation s'opère dans le grain.

Dans les autres parties de l'épi (rachis et balle), le sucre varie moins. On pourrait remarquer qu'il augmente sensiblement au moment où l'épi est le plus riche en matière verte, ce qui permettrait peut-être de rattacher cette augmentation du sucre à la transformation que doit éprouver la matière verte en perdant sa couleur pendant la dessiccation. Pour la diminution qui survient plus tard, on peut admettre que le passage du sucre dans le grain a continué après la coupe de l'épi.

VI. Le sucre diminue dans la tige avec la maturité. Il s'y trouve toujours en moindre proportion que dans l'épi où il va s'emmagasiner.

	CALCULÉ POUR 100 GR.	
	Tiges sèches. gr.	Épis secs. gr.
A. 13 juillet....................	1.38	2.22
B. 4 juillet....................	2.21	5.11
23 juillet....................	0.80	1.40
C. 8 juillet....................	2.84	5.24
21 juillet....................	1.94	2.43

CONCLUSIONS

C'est au début que les matières sucrées sont en plus forte proportion dans l'épi; elles peuvent alors atteindre 15 pour 100 du poids de l'épi à l'état sec. Elles passent en entier dans le grain, où elles sont transformées. A la maturité, l'épi n'en contient plus.

§ VIII. — Gluten et amidon.

1. De jeunes grains, non formés, ont été triturés dans un mortier avec de l'acide acétique faible. La macération, exprimée et filtrée après quelques heures, a fourni du gluten lorsqu'on a saturé l'acide par le bicarbonate de soude.

2. En triturant entre les doigts les mêmes grains pendant un certain temps, le gluten apparaît sous forme de filaments très élastiques. Si l'on fait l'expérience sous le champ du microscope à l'aide de deux lamelles de verre, on aperçoit de petites masselotes de gluten qui se colorent en jaune sous l'influence de l'iode.

3. Un examen attentif montre qu'il n'y a pas de gluten dans l'enveloppe blanche qui entoure le grain avant sa formation ; l'enveloppe verte, au contraire, qui est au-dessous, en est imprégnée dans sa face interne.

4. Les grains, même en formation, desséchés au soleil, puis désagrégés au mortier ou au moulin, donnent du gluten par lévigation à l'eau, suivant les procédés employés dans l'examen des farines. C'est ainsi que l'on a obtenu le gluten dans les lots qui suivent. Les lavages ont été prolongés de façon à se débarrasser du son autant que possible.

		GLUTEN HUMIDE calculé pour 100 gr. de grains à l'état sec. gr.	
A.	23 juillet............	24.5	gluten mou.
	1er août.............	36.6	gluten consistant.
B.	13 juillet............	34.0	gluten très mou.
	23 juillet............	37.0	gluten consistant.
	1er août.............	32.0	gluten consistant.
C.	21 juillet............	36.0	gluten consistant.
	2 août	39.0	gluten consistant.
D.	25 juin..............	29.0	gluten visqueux.
	4 juillet.............	25.0	gluten mou.
	13 juillet............	29.0	gluten consistant.
	18 juillet............	29.0	gluten consistant.

5. L'amidon est localisé dans le grain et n'existe pas dans les autres parties de l'épi. Il fait son apparition en même temps que le gluten et va en se développant comme lui, suivant la croissance du grain. Les granulations une fois formées éprouvent des variations incessantes et tendent vers un maximum de diamètre voisin de 40 millièmes de millimètre. Voici quelques résultats obtenus avec la série D (les chiffres représentent des millièmes de millimètre) :

21 *juin*. — Grain en formation entouré d'une enveloppe blanche ; intérieur très mou, laiteux	le plus grand diamètre..		9
	le plus fréquent........	2 à	3
25 *juin*. — Grain formé ; enveloppe verte ; pâte molle à l'intérieur..............	le plus grand diamètre..		40
	le plus fréquent........	14 à	20
4 *juillet*.—Enveloppe jaune verdâtre ; pâte compacte....	le plus grand diamètre..		40
	le plus fréquent........	20 à	22
13 *juillet*. — Aspect du grain mûr ; intérieur consistant, mais non corné.......	le plus grand diamètre..		43
	le plus fréquent........	23 à	29
18 *juillet*. — Grain après moisson	Mêmes résultats que le 13.		

Avec la série C, on a obtenu des résultats concordants.

Lorsqu'on reprend les mêmes mensurations sur les épis non mûrs, coupés depuis quelques jours, on a une preuve de plus à ajouter aux précédentes que la vitalité dans le grain persiste après la coupe de l'épi.

CONCLUSIONS

Le gluten fait son apparition dans le grain en même temps que l'amidon. Ces deux principes s'élaborent au fur et à mesure de l'arrivée des matières sucrées et azotées. L'amidon se rattache directement à la disparition du sucre; il vient du sucre. Le gluten vient de la matière azotée transformée.

§ IX. — Conclusions générales.

Dès que le grain commence à se manifester dans l'épi, on voit apparaître simultanément tous les principes que l'on retrouve à la maturité.

Le ligneux, comme il convient, puisqu'il constitue la trame des tissus qui doivent servir d'enveloppe au grain, apparaît en plus grande quantité et acquiert un développement plus rapide. Il semble étroitement lié à la matière chlorophyllienne, qui est abondante au début et disparaît dès que l'enveloppe est formée. Cette membrane, à la fois souple et résistante, se laisse traverser avec la plus grande facilité par l'eau intérieure, en retenant, à la façon d'un dialyseur, tous les produits en dissolution et en formation. L'évaporation aidant, elle agit aussi comme un puissant aspirateur et favorise l'appel des sucs nourriciers, qui se précipitent de l'épi dans le hile comme dans une véritable cheminée d'appel. Ces sucs sont formés de matières azotées, grasses et sucrées, en solution dans l'eau avec quelques substances minérales.

Il est incontestable que les matières sucrées se transforment en amidon et que cette transformation s'opère dans le grain, car il n'y a pas d'amidon dans les autres parties de l'épi. C'est à l'état de sucre réducteur que ces matières pénètrent dans le grain et, suivant les idées de Claude Bernard (1), je crois à la transformation directe de ce sucre en amidon ; je ne partage pas

---

(1) Claude BERNARD, *Leçons sur les phénomènes de la vie*, t. I, p. 162. Paris, Baillière, 1878.

l'opinion de plusieurs observateurs qui admettent un passage intermédiaire à l'état de sucre de canne (1).

Les granulations d'amidon, une fois formées, se développent peu à peu et se tassent, en prenant plus de cohésion.

En même temps que s'élabore l'amidon, l'acidité va en diminuant et les matières albuminoïdes se changent en gluten d'abord très fluide, puis de plus en plus visqueux. Cet état nous explique pourquoi il y a peu de gluten au centre du grain : c'est qu'en effet, par le seul fait de l'évaporation de l'eau qui se produit à la surface, il se fraye un passage à travers les grains d'amidon et gagne les couches extérieures, où il se condense.

On peut expliquer de même la présence d'une plus forte proportion de matières salines dans les mêmes régions, car nos expériences prouvent que ces matières ne suivent pas le développement du ligneux, mais marchent au contraire avec le gluten et l'amidon suivant la croissance du grain.

Les matières grasses arrivent toutes formées et sont retenues en partie par les membranes qui entourent l'embryon. Elles éprouvent aussi des modifications sur lesquelles il est plus difficile de se prononcer (amidon, huiles essentielles? matières colorantes?).

---

(1) DEHÉRAIN, *Nutrition de la plante* (*Encyclopédie chimique* de Fremy) et article *Migration* du *Dictionnaire de chimie* de Würtz. D'après M. Dehérain, le grain de blé contiendrait un peu de sucre de canne. Antérieurement, Millon a aussi retiré du son un sucre particulier donnant à la fois les caractères optiques et chimiques du sucre de canne, mais il fait remarquer qu'il n'a jamais pu le faire cristalliser. Ajoutons que les recherches optiques de Clerget, entreprises autrefois sur des extraits de farine qui lui avaient été remis par M. Péligot (Mémoire cité, *Annales de chimie et de physique*, 3e série, t. XXIX, p. 16), n'ont pas accusé la présence du sucre, mais seulement celle de la dextrine. Cette dextrine se rattache vraisemblablement à une transformation de l'amidon pendant le traitement que l'on a fait subir à la farine; car, en traitant les grains par l'eau bouillante comme je l'ai indiqué, ou bien encore par l'acide acétique de densité 1,020, de façon à éviter toute action ultérieure des ferments du blé, on obtient des extraits qui ne réduisent la liqueur cupropotassique ni à chaud ni à froid.

Ainsi, tandis que le grain se crée et passe de la vie active à la vie latente, nous voyons diminuer l'acidité des sucs nourriciers apportés par le hile, et nous pouvons suivre la condensation des matières albuminoïdes solubles, en même temps que la transformation des matières sucrées en amidon.

C'est exactement le travail inverse qui s'accomplit pendant la germination, quand le grain se détruit et repasse de la vie latente à la vie active. On voit alors l'acidité s'accroître, le gluten redevenir fluide et l'amidon se résoudre en sucre.

J'ai montré que ces transformations, analogues à celles qui se produisent dans les farines conservées depuis longtemps ou pendant la panification (1), sont dues aux ferments localisés dans l'embryon, et l'on sait que ces ferments sont déjà très actifs dans les plus jeunes grains. C'est aussi à eux que je rattacherai les modifications survenues pendant la synthèse du grain. En dehors des conditions vitales de chaleur, de lumière, d'air, d'humidité, etc., c'est donc aux tissus embryonnaires, dépositaires des ferments naturels du blé et aux membranes extérieures du grain, agissant à la fois comme aspirateur et dyaliseur, qu'on doit attribuer la formation du gluten et de l'amidon.

Mais voici qui intéresse plus directement l'agriculture.

Mathieu de Dombasle croyait qu'après la fécondation du froment le poids de la plante, dans son ensemble, ne variait plus; M. Boussingault (2) a montré, au contraire, qu'elle continuait à fixer les éléments du sol et de l'at-

---

(1) Voir pages 66, 196 et suivantes.

(2) BOUSSINGAULT, *Recherches sur le développement successif de la matière végétale dans la culture du froment* (*Annales de chimie et de physique*, 3ᵉ série, t. XVII, 1845).

mosphère, et M. Isidore Pierre (1) a prouvé que ce n'était qu'un mois avant sa maturité, c'est-à-dire environ quinze jours après la floraison, qu'elle possédait en bloc la presque totalité des principes qu'on y devait retrouver au moment de la récolte. Nos expériences, limitées à l'épi, prouvent que, pendant les huit à dix jours qui précèdent l'époque ordinaire de la moisson, le grain ne vit que par l'épi, et que le complément d'élaboration qu'il reçoit et qui se manifeste surtout par une perte d'eau, s'opère aussi bien sur le blé coupé que sur le blé sur pied. Le grain présente absolument les mêmes qualités. On peut donc, sans inconvénient, moissonner huit à dix jours avant l'époque habituelle. Ce fait a son importance pour les pays où l'on a coutume de faire suivre la récolte du froment d'une récolte secondaire de sarrasin. On connaît le tempérament délicat de cette plante que les premiers froids empêchent trop souvent d'arriver à maturité. Dans de telles conditions, une avance de huit à dix jours, c'est la récolte assurée.

En Bresse, où cette récolte secondaire est très avantageuse lorsqu'elle n'est pas compromise par la température, les agriculteurs ont déjà cherché à substituer aux semences du pays le sarrasin de Bretagne, qui est plus résistant, mais dont la qualité est inférieure. On ne saurait trop les engager à moissonner plus tôt.

(*Annales de chimie et de physique*, 6e série, t. XVI, février 1889.)

---

(1) Isidore Pierre, *Chimie agricol*, 5e édit., t. II, p. 360. Paris, librairie agricole, 1872.

Note sur la présence des graines de Cephalaria Syriaca dans les blés.

La *Revue du service de l'Intendance militaire* de mars-avril 1888 a publié sous le titre qui suit : *La Cephalaria Syriaca, documents extraits des archives de l'ancienne commission supérieure des subsistances militaires,* une série de documents se rattachant à la présence de graines de dipsacées dans un blé livré à la manutention de Tarbes dans le courant du mois de février 1883.

Le fait signalé à Tarbes n'est pas un fait isolé. En novembre 1881, le service des subsistances de Grenoble allait recevoir une livraison considérable de *blés d'Egypte*, lorsqu'en procédant à une épreuve partielle de mouture on s'aperçut, au premier tour de meule, que la boulange présentait une amertume assez prononcée. Le pain préparé avec cette farine prenait, après cuisson et refroidissement, une teinte plus ou moins ardoisée. Cette particularité fut alors attribuée à la présence d'une graine étrangère qui passait à travers les appareils de nettoyage, et les blés furent refusés. La proportion était seulement de 0,50 pour 100 dans les blés non criblés et de 0,25 pour 100 dans les blés nettoyés.

Quelques-unes de ces graines me furent présentées plus tard : c'étaient des semences de Cephalaria Syriaca (*Scabiosa Syriaca*, Lin.). Dès qu'on les a vues une fois, on les reconnaît facilement ; leur forme est prismatique, légèrement atténuée à la base, à huit petites côtes visibles à la loupe et même à l'œil nu; leur teinte est plus terne que celle du blé; elles sont de plus couronnées par le limbe du calice. Elles mesurent en longueur 5 à 7 millimètres et les plus grosses atteignent à peine 3 centigrammes, le poids d'un petit grain de blé. A la mastication, elles laissent une saveur amère et, quand on les écrase entre deux feuilles de papier, elles donnent une tache huileuse très persistante.

D'après la provenance indiquée à Tarbes, le blé livré en 1883 serait d'origine indienne; mais c'est peu probable.

J'ai eu occasion d'examiner des blés en sacs expédiés directement de Bombay (1); on y trouve des graines étrangères, notamment des légumineuses, mais pas de *dipsacées*.

D'ailleurs la Cephalaria Syriaca ne figure pas dans la flore des Indes; elle est au contraire fréquente en Syrie et dans le Levant (2). Elle n'est pas inconnue en France; on la rencontre aux environs de Nîmes et, plus rarement, autour de Montpellier, de Pézenas, etc.

J'ajouterai, d'après des renseignements que je n'ai pu contrôler, que ces graines seraient bien connues des négociants en grains de Marseille et que les blés qui en contiennent seraient achetés à bas prix par les vermicelliers.

(*Revue du service de l'Intendance militaire*, mai-juin 1888.)

---

(1) Voir page 23.

(2) D'après Cauvet le fruit de cette plante serait assez fréquemment mêlé au blé d'Egypte; il serait désigné dans le commerce sous le nom de *graine de datte;* il contiendrait 21,1 pour 100 de matière grasse. (*Procédés pratiques pour l'essai des farines*, par D. CAUVET, professeur à la Faculté de Lyon, pharmacien principal de l'armée. Paris, Baillière, 1888, pages 27-30.)

Sur l'hydratation des blés.

On sait que les blés, suivant les climats, mûrissent plus ou moins vite et renferment plus ou moins d'eau au moment de leur récolte. C'est ainsi que j'ai constaté à Orléansville, un des centres les plus chauds de l'Algérie, que les blés de la plaine du Chéliff contiennent moins d'eau que les blés de France et qu'ils peuvent atteindre leur maturité en cent quatre-vingts jours, alors qu'il en faut, en moyenne, deux cent soixante-dix en Normandie (1).

Il était intéressant de suivre dans nos magasins de France ces blés récoltés dans des conditions de chaleur exceptionnelle, et le Comité de l'Intendance a pensé qu'il pourrait y avoir quelque utilité pour l'Administration de la guerre à entreprendre cette étude au point de vue spécial de l'hydratation. Sur la proposition du Comité, une décision ministérielle prescrivait, le 18 juillet dernier, une série d'expériences sur les blés et les farines de la plaine du Chéliff. Ces expériences devaient être faites, suivant un programme arrêté, à Orléansville, par le pharmacien-major de l'hôpital militaire, et, à Paris, par le laboratoire des Invalides.

Les trois blés examinés, d'essence dure, ont été récoltés en 1890, l'un (I) au nord de la plaine, l'autre (II) au midi et le troisième (III) au centre.

---

(1) *De l'influence des climats sur la maturation des blés* (*Comptes rendus de l'Académie des sciences,* 1880). Voir page 12.

Les trois échantillons de farine, de même essence, ont été prélevés, l'un (IV) dans une boulangerie de la ville, et les deux autres (V et VI) à la manutention militaire.

Le dosage de l'eau dans les farines a été pratiqué avec les soins habituels en chauffant progressivement l'étuve à 100 degrés, et en maintenant cette température jusqu'à poids constant. On a opéré de même sur les blés préalablement amenés à l'état de poudre grossière à l'aide d'un moulin à café ordinaire.

L'eau a été ainsi déterminée à sept reprises différentes :

1° A Orléansville, le 4 août 1890, sur les produits récemment récoltés ;

2° A Paris, le 20 août, sur les mêmes produits expédiés dans des sacs en toile ;

3° Le 15 octobre, sur les mêmes produits déposés, depuis le 20 août, dans un local très sec ;

4° Le 24 novembre, sur les mêmes produits placés, depuis le 15 octobre, dans un local ayant accès avec l'air extérieur ;

5° et 6° Les 6 et 31 décembre, après un séjour dans une pièce humide remontant au 24 novembre ;

7° Enfin, le 13 février 1891, sur les produits retirés de la pièce précédente le 31 décembre et remis dans un lieu sec modérément chauffé.

Le tableau suivant donne l'ensemble des résultats obtenus :

	EAU POUR 100 PARTIES.					
	I	II	III	IV	V	VI
4 août.....	9.03	8.83	9.83	10.60(1)	10.70	10.20
20 août.....	11.26	11.00	11.60	11.48	11.68	12.34
15 octobre ..	11.50	11.50	11.90	12.30	12.30	12.40
24 novembre.	15.04	14.58	14.28	14.08	14.18	14.10
6 décembre.	15.10	14.70	14.80	16.00	15.40	15.70
31 décembre.	15.40	16.40	15.90	16.70	17.50	16.60
13 février ...	12.60	12.50	12.40	13.80	13.00	13.20

(1) Les blés ont été mouillés au moment de la mouture : de là une quantité d'eau plus élevée dans les farines.

Voici, d'autre part, une série d'expériences sur les mêmes blés en grains conservés sous une cloche reposant sur une terrine contenant de l'eau, de façon à se trouver dans une atmosphère saturée d'humidité, mais sans contact direct avec l'eau.

La mise sous cloche a commencé le 31 décembre 1890, dans un local dont la température maxima n'a pas dépassé 8 à 10 degrés; les expériences ont été arrêtées le 8 février 1891. A ce moment, le blé présentait quelques moisissures :

	EAU POUR 100 PARTIES.		
	I	II	III
31 décembre	15.40	16.40	15.90
10 janvier............	16.05	16.91	16.92
18 janvier............	16.67	17.44	17.39
25 janvier............	17.10	17.80	17.98
1er février...........	17.40	18.07	18.17
8 février	17.60	18.37	18.57

Les farines placées dans les mêmes conditions renfermaient, après six jours, 18 pour 100 d'eau, et, après dix jours, 20 à 21 pour 100 : c'est un maximum qui n'a pas été dépassé.

Il résulte de ces dosages, tous effectués dans les mêmes conditions, que les céréales d'un climat chaud et sec, contenant 8 à 9 pour 100 d'eau au moment de leur récolte, peuvent, par le fait de leur séjour en d'autres régions ou dans des locaux plus ou moins humides, comme les entrepôts qui avoisinent la plupart des ports, prendre facilement 14, 16 et même 18 pour 100 d'eau, c'est-à-dire une augmentation de 6 à 10 pour 100.

Il y a donc intérêt pour l'Administration de la guerre, qui peut profiter de tarifs réduits pour le transport de ces denrées, à acheter en particulier les blés de la plaine du Chéliff immédiatement après la moisson. Ces blés, très lourds sous un petit volume, sont susceptibles d'une longue conservation; ils sont très riches en gluten, et leur mélange avec les blés de France relèverait la valeur alimentaire du pain de munition, qui reste sensiblement amoindrie depuis que l'on écarte de nos établissements militaires les blés étrangers, géuéralement beaucoup plus azotés que nos blés indigènes.

(*Comptes rendus de l'Académie des sciences*, t. CXII, 1891; — *Revue du service de l'Intendance militaire*, mars–avril 1891.)

DEUXIÈME PARTIE

FARINES

« Quand il s'agit d'établir une loi sur des questions aussi délicates que celles qui intéressent la meunerie, l'homme impartial doit tout considérer, tout calculer : le moulin, le meunier, les lieux, l'atmosphère occasionnent des différences notables. En veut-on la preuve ? Il suffit de faire partout la même épreuve, avec les mêmes précautions et sur la même espèce de grains, pour être assuré qu'elle ne peut convenir qu'à un seul endroit, qu'à un seul temps. » — PARMENTIER, *Traité sur la fabrication et le commerce du pain*, Paris, 1778. (Chapitre II, *De la farine*, p. 192).

DEUXIÈME PARTIE

FARINES

Premier mémoire sur les farines.

Ce travail ayant été entrepris dans le but de rechercher les causes qui pourraient retarder l'altération des farines destinées à nos approvisionnements de guerre et, par suite, en prolonger la conservation, je rappellerai sommairement, d'après le *Règlement sur le service des subsistances militaires* et les *Notices* annexées à ce règlement, que les farines employées à l'alimentation du soldat français proviennent de blés durs, dont le poids à l'hectolitre ne doit pas être inférieur à 77 kilogrammes, ou de blés tendres pesant au minimum 74 kilogrammes.

Le taux d'extraction du son est de 12 pour 100 pour les blés durs, ce qui donne 88 kilogrammes de farine panifiable pour 100 kilogrammes de blé net, c'est-à-dire, déduction faite de tous les déchets (déchets de nettoyage ou de criblage, déchets de mouture, déchets de blutage) (1); pour les blés tendres, il s'élève à

---

(1) Ces déchets cumulés atteignent le plus souvent 2 pour 100 pour les blés durs et 3 pour 100 pour les blés tendres.

Les déchets de nettoyage oscillent entre 1 et 2 pour 100;

Les déchets de mouture, entre 1,5 et 2 pour 100.

Les déchets de blutage, entre 0,2 et 0,3 pour 100.

20 pour 100. Ce taux de blutage étant absolu, on comprend qu'il ne peut y avoir de type uniforme de farine blutée, notamment au point de vue de la blancheur : tel blé, au blutage de 18 pour 100, par exemple, peut faire aussi blanc que tel autre bluté à 20 pour 100.

Dans les moulins de l'Etat, on obtient généralement au premier tour de meule 70 pour 100 de farine première, dite aussi *farine de blé* ou de *premier jet,* pour les blés durs, et 68 pour 100 pour les blés tendres. La quantité nécessaire pour atteindre le taux prescrit, soit 18 pour 100 pour les blés durs et 12 pour 100 pour les blés tendres, est obtenue par la remouture des gruaux blancs non affleurés, c'est-à-dire qui n'ont pas été suffisamment atteints au premier tour de meule, et par la remouture des gruaux bis. Ces gruaux blancs et bis, sé-parés de la farine du premier jet par des blutages appropriés, ne doivent passer qu'une seule fois sous la meule. On retire des premiers 12 à 8 pour 100 de farine panifiable, et des seconds 6 à 4 pour 100, suivant l'essence du blé.

On voit, par ces données, que les farines des manu-tentions militaires se composent de toute la farine première et de la farine des gruaux remoulus ; mélangées ensemble, elles fournissent un pain qui, par l'ensemble de ses propriétés, tient le milieu entre le pain de première et de deuxième qualité de la boulangerie civile.

J'examinerai successivement les altérations que su-bissent ces diverses farines en vieillissant, les causes de ces altérations et les moyens de les éviter.

§ I. — Des modifications éprouvées par les farines en vieillissant.

On sait, par expérience, que les farines ont besoin d'une certaine ancienneté pour être livrées à la panifi-cation et qu'il y a avantage à ne les utiliser qu'après deux ou trois mois de mouture. Au delà, elles ne se bonifient plus; elles peuvent encore conserver pendant quelque temps toutes leurs qualités, puis les altérations surviennent, plus ou moins rapides et plus ou moins intenses.

J'ai appliqué à l'étude de ces altérations les procédés que j'ai employés dans mes recherches sur les blés germés (1).

Toutefois, pour l'acidité, j'ai constaté qu'il était possible de l'évaluer comparativement avec une précision suffisante en prenant seulement 10 grammes de farine et 30 centimètres cubes d'alcool à 90 degrés.

Pour l'extraction du gluten, on a rigoureusement opéré de la façon suivante : on a fait une pâte très homogène avec 25 grammes de farine et 10 centimètres cubes d'eau à la température ordinaire; on a laissé reposer cette pâte pendant vingt-cinq minutes, puis on a procédé au lavage direct à la main en se plaçant sous un mince filet d'eau et au-dessus d'un tamis à mailles serrées pour éviter toute perte de gluten. On a pesé après expression, dès que l'eau de lavage s'écoulait claire et limpide et n'était plus colorée en bleu par la teinture d'iode.

Dans les tableaux qui suivent, il reste convenu, d'après ce qui est dit plus haut, que la *farine première* est la farine de premier jet; la *farine des premiers gruaux*, la farine retirée de la mouture des gruaux blancs, et la *farine des deuxièmes gruaux*, la farine retirée de la mouture des gruaux bis.

---

(1) Voir page 13.

A. — *Blé roux d'Amérique, récolte de 1880; mouture en mai 1882; poids à l'hectolitre 77^{kg},4 (1).*

	EAU pour 100.	SUCRE pour 100.	MATIÈRES GRASSES pour 100.
Farine première..........	12.22	1.24	1.10
— 1ers gruaux........	12.39	7.20	4.35
— 2es gruaux..........	12.31	7.50	4.40

Ces éléments ont été dosés en décembre 1882, depuis ils n'ont pas sensiblement varié.

L'acidité, au contraire, est très variable : elle a suivi une marche ascendante et a été moins rapide pendant les huit mois (mai–décembre) que les échantillons ont été conservés dans des flacons bouchés.

	Acidité pour 100 grammes de farine représentée en acide sulfurique mono-hydraté.	
	4 janvier.	12 avril.
Farine première..........	0.048	0.079
— 1ers gruaux........	0.248	0.557
— 2es gruaux..........	0.285	0.612

Le gluten décroît en perdant de sa consistance, mais le poids des matières azotées solubles dans l'acide acétique dilué reste à peu près le même. Ainsi, en mettant en contact pendant vingt-quatre heures, dans un flacon bouché à l'émeri, 20 grammes de farine avec 100 centimètres cubes d'acide acétique de densité 1,020, on a toujours trouvé que la densité de l'acide décanté et filtré s'était élevée à 1,029 pour la farine première, à 1,036 pour les premiers gruaux et à 1,037 pour les deuxièmes.

---

(1) Ces farines et celles qui suivent, pour lesquelles j'ai été appelé à donner mon avis au moment de leur réception à la manutention militaire de Cambrai, m'ont été remises par les soins de M. Patez, officier d'administration de 1re classe du Service des subsistances. Elles ont été conservées dans des sacs; par exception, on a conservé dans des récipients hermétiquement fermés, et pendant huit mois seulement, les échantillons de la série A.

Les matières grasses perdent leur odeur agréable et deviennent rances.

B. — *Blé tendre de Russie, récolte de 1880, mouture en octobre 1882 ; poids à l'hectolitre 78^{kg},4.*

	EAU pour 100.	SUCRE pour 100.		CENDRES pour 100.
	11 nov.	11 nov.	24 fév.	11 nov.
Farine première........	14.56	1.55	1.45	0.92
— 1ers gruaux.....	12.27	4.70	3.30	2.64
— 2es gruaux......	12.74	6.40	»	3.27

La proportion d'eau varie un peu avec l'état hygrométrique de l'air ; par les temps plus humides, elle s'est élevée de 1 pour 100.

L'acide acétique de densité 1,020 a acquis en novembre les densités 1,029 avec la farine première, 1,035 avec les premiers gruaux, 1,038 avec les deuxièmes et 1,030 avec la farine blutée à 20 pour 100 ; en avril, les résultats ont été les mêmes.

L'acidité a subi les écarts suivants :

	ACIDITÉ POUR 100.			
	11 nov.	24 février.	22 avril.	6 juin.
Farine première...........	0.023	0.053	0.071	0.081
— 1ers gruaux.........	0.125	0.466	0.558	0.609
— 2es gruaux..........	0.144	0.593	0.681	0.762
Farine blutée à 20 pour 100.	»	0.057	0.091	0.101

La farine blutée à 20 pour 100 qui renfermait 39 pour 100 de gluten en novembre 1882, n'en donnait que 33 pour 100 en juin 1883.

C. — *Blé tendre d'Amérique, récolte de 1882, mouture de novembre 1882 ; poids à l'hectolitre 79^{kg},4.*

8 décembre.	EAU pour 100.	SUCRE pour 100.	LIGNEUX pour 100.	CENDRES pour 100.
Farine première...........	12.75	0.95	0.56	0.71
— 1ers gruaux........	12.92	2.75	2.72	2.12
— 2es gruaux.........	13.16	4.75	7.02	2.86
Farine blutée à 20 pour 100.	»	1.25	»	»

L'acidité a fourni des résultats concordant avec les précédents.

	ACIDITÉ POUR 100.			
	8 déc.	25 fév.	19 avril.	9 juin.
Farine première.........	0.011	0.048	0.063	»
— 1ers gruaux........	0.036	0.210	»	»
— 2es gruaux.........	0.077	»	0.556	»
Farine blutée à 20 pour 100.	»	»	0.104	0.122

L'acide acétique de densité 1,020 a pris la densité 1,029 avec la farine première, la densité 1,033 avec les premiers gruaux et la densité 1,038 avec les deuxièmes.

La farine première donnait 32 pour 100 de gluten en décembre 1882 et 29 pour 100 en avril 1883; la farine blutée à 20 pour 100 en donnait 36 pour 100 en décembre, 24 pour 100 en avril et 20 pour 100 en juin.

On ne peut retirer de gluten des farines de gruaux bien qu'il s'y trouve en forte proportion, comme on l'a remarqué, d'une part, en saturant avec le bicarbonate de soude l'acide acétique provenant du traitement précédent et, d'autre part, en épuisant ces différentes farines par l'alcool à 95°; les premières fournissent 2 pour 100 d'extrait, les deuxièmes 7,5 pour 100 et les troisièmes 10,5 pour 100.

D. — *Blé dur des Indes, récolte de 1882, mouture en mars 1883; poids à l'hectolitre 80kg,4.*

9 avril.	EAU pour 100.	SUCRE pour 100.	MATIÈRES GRASSES pour 100.	LIGNEUX pour 100.
Farine première........	12.29	1.12	0.95	0.57
— 1ers gruaux......	11.45	2.57	3.50	1.25
— 2es gruaux......	12.56	2.57	3.45	5.03

Les matières grasses et sucrées dosées de nouveau le 17 juin n'ont pas varié.

L'acidité a été ainsi répartie :

	ACIDITÉ POUR 100.		
	9 avril.	21 mai.	18 juillet.
Farine première................	0.031	0.035	0.050
— 1ers gruaux,............	0.082	0.146	0.264
— 2es gruaux.............	0.149	0.228	0.406
Farine blutée à 12 pour 100....	»	0.038	0.091

La farine première donnait 39 pour 100 de gluten en avril et en juillet; la farine blutée à 12 pour 100 en contenait 41 pour 100 en avril et en juillet.

L'acide acétique de densité 1,018 avait en avril et en juin les densités suivantes : 1,027 avec la farine première, 1,032 avec les premiers gruaux, 1,033 avec les deuxièmes et 1,028 avec la farine blutée à 12 pour 100.

E. — *Farine de blé tendre de Russie, blutée à 20 pour 100, récolte de 1881, mouture de juin 1882.*

	ACIDITÉ pour 100.	GLUTEN pour 100.
Juillet 1882..........	»	42
23 février 1883.......	0.093	35
22 mai................	0.110	32

F. — *Farine de blé roux d'Amérique. blutée à 20 pour 100, récolte de 1882, mouture de janvier 1883.*

	ACIDITÉ pour 100.	GLUTEN pour 100.
24 mars..........	0.035	31.5
26 avril.........	0.055	»
5 juin...........	0.071	27.0

G. — *Farine de blé roux d'Amérique, blutée à 20 pour 100, récolte de 1882, mouture de février 1883.*

	ACIDITÉ pour 100.	GLUTEN pour 100.
21 avril.........	0.040	30.5
5 juin...........	0.066	27.0

H. — *Farine de blé dur du Chili, blutée à 12 pour 100, récolte de 1880, mouture de janvier 1882.*

	ACIDITÉ pour 100.	GLUTEN pour 100.
Mars 1882........................	»	35.5
23 février 1883..................	0.044	31.5
22 mai	0.057	30.0

I. — *Farine de blé dur des Indes, blutée à 12 pour 100, récolte de 1880, mouture de juin 1882.*

	ACIDITÉ pour 100.	GLUTEN pour 100.
Juillet 1882......................	»	42
23 février 1883..................	0.041	44
22 mai	0.053	41

J. — *Farine de blé dur des Indes, blutée à 12 pour 100, récolte de 1881, mouture de novembre 1882.*

	ACIDITÉ pour 100.	GLUTEN pour 100.
Janvier 1883................ ...	0.025	44.5
Mars.......................	0.035	»
Juin........................	0.055	40.5

K. — *Farine de blé dur des Indes, blutée à 12 pour 100, récolte de 1881, mouture de décembre 1882.*

	ACIDITÉ pour 100.	GLUTEN pour 100.
9 février 1883................	0.025	39.5
24 mars....................	0.035	»
6 juin......................	0.050	37.5

L. — *Farine de blé dur des Indes, blutée à 12 pour 100, récolte de 1881, mouture de janvier 1883.*

	ACIDITÉ pour 100.	GLUTEN pour 100.
23 mars....................	0.026	35
26 avril	0.040	»
5 juin......................	0.030	34 .

M. — *Farine de blé dur des Indes, blutée à 12 pour 100, récolte de 1882, mouture de février 1883.*

	ACIDITÉ pour 100.	GLUTEN pour 100.
25 avril	0.035	38.0
5 juin.	0.050	36.5

N. — *Blé dur des Indes, récolte de 1882, mouture par cylindres du 5 juillet 1883 (1).*

6 juillet.	ACIDITÉ pour 100.	GLUTEN pour 100.
Farine des quatre premiers broyages mélangés.	0.020	36
— du 5ᵉ broyage (curage des sons).	0.020	49
— des 1ᵉʳ et 2ᵒ passages des gruaux.	0.020	32
— du 4ᵒ passage des gruaux.	0.020	36
— du 5ᵒ passage des gruaux.	0.025	30

O. — *Blés mélangés (1/4 Californie et 3/4 blé du Nord), mouture par cylindres du 11 juin 1883.*

12 juin.	ACIDITÉ pour 100.	GLUTEN pour 100.
Farine des quatre premiers broyages mélangés.	0.015	25
— du 5ᵉ broyage (curage des sons).	0.017	38
— des deux premiers passages des gruaux.	0.017	27
— du dernier passage des gruaux (3ᵉ passage)	0.049	36
— obtenue en brossant des sons de cylindres.	0.091	32

P. — *Blés mélangés (1/3 blé dur des Indes et 2/3 blé indigène), mouture par meules du 18 juillet 1883.*

19 juillet.	ACIDITÉ pour 100.	GLUTEN pour 100.
Farine de premier jet.	0.020	30
Farine de tous les gruaux réunis.	0.025	33
Farine totale, blutée à 30 pour 100 environ	0.025	32

---

(1) Ces farines et celles qui suivent ont été prélevées dans les usines de MM. Cornaille frères, de Cambrai.

Q. — *Farines de meules du commerce ayant plus d'un an de mouture.*

	ACIDITÉ pour 100.	GLUTEN pour 100.
Blé tendre de Californie, récolte de 1881......	0.076	22
Blé tendre du Chili, récolte de 1881..........	0.076	22
Blés divers mélangés.......................	0.106	22

R. — *Farines de cylindres du commerce ayant plus d'un an de mouture.*

	ACIDITÉ pour 100.	GLUTEN pour 100.
Farine de provenance belge (Amérique, 30; Californie, 20; Indes, 20; Pologne, 10; indigène, 20)................................	0.055	24
Farine de Manchester (2/3 Californie, 1/3 blé anglais)................................	0.121	5

CONCLUSIONS

De l'ensemble de toutes ces expériences on peut déduire les faits suivants :

1. Les farines en vieillissant éprouvent des modifications de diverses natures.

La proportion d'eau est peu variable : elle s'élève ou s'abaisse suivant l'état hygrométrique de l'air (1) ;

---

(1) Ces fluctuations dans le poids des farines, comme aussi dans le poids des blés (voir page 52), ne doivent pas être perdues de vue lorsqu'il s'agit d'inventorier de telles denrées. « Le blé pesé très juste dans les greniers du boulanger qui veut l'envoyer au moulin ou dans les magasins d'une administration, observe Bucquet, peut diminuer de poids dans le transport au moulin, où il peut rester huit à quinze jours, quelquefois un mois et plus sans être moulu... Il est si vrai que les grains diminuent de poids de jour en jour lorsqu'ils ne sont pas dans un endroit humide que nous avons vu dans les greniers des Invalides des blés diminués d'une demi-livre d'un jour ou deux à l'autre. On a même éprouvé dans des sacs, pendant huit ou quinze jours, un mois, un déchet d'environ 2 livres et plus sans avoir remué les sacs. » (BUCQUET, *Observations sur la boulangerie*, Paris, 1783, p. 117.)

dans les conditions ordinaires, l'écart peut atteindre 0,8 à 1 pour 100.

Les matières grasses ne subissent pas de variation sensible dans leur poids (1) ; elles perdent leur odeur franche et deviennent rances.

Les matières sucrées décroissent, mais d'une quantité qui n'est pas en rapport avec l'acidité produite.

Cette acidité varie avec l'essence du blé : elle est plus rapide et plus forte avec les farines de blés tendres qu'avec les farines de blés durs. Traduite en acide sulfurique monohydraté, elle peut s'élever avec les premières de $0^{gr},020$ à $0^{gr},120$ pour 100, soit de 20 grammes à 120 grammes par quintal métrique, et avec les deuxièmes de $0^{gr},020$ à $0^{gr},070$ pour 100, soit de 20 grammes à 70 grammes par quintal métrique. Elle semble se rattacher directement aux modifications éprouvées par les matières albuminoïdes. Ces matières, au début, sont presque entièrement à l'état de gluten insoluble : peu à peu elles se désagrègent mais sans perdre de leur poids ; le gluten se fluidifie et disparaît avec toutes ses qualités.

Les matières amylacées ne paraissent point modifiées.

2. Dans les farines dont le taux de blutage est peu élevé, il y a toujours plus d'acidité, plus de ligneux et plus de matières grasses et sucrées ; il y a aussi plus de gluten. Ces farines se conservent mal.

3. Pour les farines conservées en sacs, les altérations sont plus rapides que pour les farines conservées en vases clos.

4. Au même taux de blutage, les farines obtenues par les meules se conservent aussi bien que les farines retirées des cylindres ; elles ne sont pas plus acides. L'acidité est indépendante de la mouture.

---

(1) Voir les faits signalés à la page 103.

5. La partie farineuse du grain de blé qui touche à l'enveloppe externe est plus acide que la portion centrale ; elle est également plus riche en gluten, elle s'altère plus rapidement.

§ II. — Expériences sur le gluten.

Le degré d'altération des farines se traduisant par une disparition plus ou moins entière du gluten, j'ai dû faire de nombreuses expériences sur ce corps avant d'arriver aux causes de sa disparition. Je ne rapporterai que les principales en les groupant aussi méthodiquement que possible.

I. — J'ai insisté, dans la première partie de ce travail, sur la manière dont on a procédé à l'extraction du gluten. Dès que l'on s'écarte, en effet, des conditions indiquées, on obtient des résultats différents : c'est ce qu'ont déjà observé MM. Bénard et Girardin (1) à propos du temps qui s'écoule entre la préparation des pâtons et l'extraction du gluten.

---

(1) Bénard et Girardin, *Sur le dosage du gluten dans les farines* (*Journal de pharmacie et de chimie*, 1881). « Le hasard, disent les auteurs de cette note, nous a appris qu'en raison du temps qui s'écoule entre la préparation de la pâte et l'extraction du gluten qui en provient, la quantité de ce gluten varie considérablement. En voici des preuves :

On a opéré sur trois échantillons de farine envoyés par l'intendance militaire.

Pour le premier échantillon, le pâton malaxé sous un filet d'eau immédiatement après sa préparation a donné 24,4 de gluten humide pour 100 ; après une demi-heure de préparation il a fourni 27,4, et après un repos de trois heures il a donné 30,8 pour 100.

La deuxième farine a donné après le malaxage immédiat du pâton 26,2 pour 100 de gluten ; après une demi-heure, 29,2 ; après trois heures, 31,2.

Avec la troisième farine, on a obtenu : du pâton immédiatement malaxé 22 pour 100 de gluten ; du pâton traité après une demi-heure 28,2 ; du pâton après trois heures de repos 28,4.

Ces faits expliquent le désaccord qui se présente souvent entre deux experts agissant sur la même farine ; aussi pensons-nous que dans une expertise il est indispensable d'indiquer à quel moment, après la préparation du pâton, on a procédé à l'extraction du gluten. »

En reprenant les expériences de ces auteurs avec des farines ayant deux mois de mouture, j'ai trouvé :

| | GLUTEN POUR 100 GRAMMES | | | |
| | Farines du blé dur des Indes blutées à 12 pour 100. | | Farines de blé tendre blutées à 20 pour 100. | |
	I	II	Amérique.	Pologne.
Après 1/2 heure.............	36.0	39	28.0	37.5
1 heure...............	38.0	40	28.5	»
2 heures...........	39.2	44	29.0	40.0
3 —	38.3	42	31.0	»
4 —	36.4	39	32.0	»
5 —	»	»	31.0	»
6 —	»	34	»	»
7 —	»	»	28.0	»
8 —	»	»	•	30.5

Le gluten, dans les pâtons, n'atteint donc son maximum de développement qu'après un certain temps de repos : ce temps de repos varie avec la nature du blé ; il varie aussi avec le degré d'affleurement de la farine. De plus, dès que le gluten a atteint son maximum de rendement, il décroît progressivement et l'acidité suit une marche ascendante. Les expériences suivantes le prouvent.

Exp. A. — *Farine du commerce de première qualité* (1).

	ACIDITÉ pour 100.	GLUTEN pour 100.
De suite.................	0.034	28
Après repos de 1 heure....	0.036	31
— 7 heures...	0.036	28
— 10 heures ..	0.038	26
— 14 heures...	0.042	25
— 22 heures...	0.045	23

---

(1) Pour éviter toute dessiccation, les pâtons ont été conservés dans un milieu très humide. Leur acidité a été obtenue en les délayant dans un mortier avec un volume déterminé d'alcool à 95 degrés et en opérant, comme pour les farines, après vingt-quatre heures de contact dans un flacon bouché à l'émeri.

Exp. B. — *Farine du commerce de deuxième qualité.*

	ACIDITÉ pour 100.	GLUTEN pour 100.
De suite....................	0.041	29
Après repos de 1 heure.....	0.042	37
— 7 heures....	0.053	37
— 10 heures....	0.056	34
— 14 heures....	0.059	28
— 22 heures....	0.068	26

Exp. C. — *Farine inférieure, non panifiable (cron).*

	ACIDITÉ pour 100.	GLUTEN pour 100.
De suite................	0.092	7
Après repos de 2 heures....	»	23
— 5 heures....	0.102	35
— 7 heures....	»	26
— 14 heures....	0.141	G

Dans toutes ces expériences, les pâtons ont été abandonnés à un repos absolu : lorsqu'on les étire fréquemment, les résultats sont un peu modifiés. En portant leur température vers 40 degrés, on arrive plus vite aux écarts signalés plus haut.

Il en est de même avec les farines anciennes pour lesquelles le gluten va quelquefois en décroissant dès le début sans passer par un maximum.

II. — Les différences que l'on obtient en faisant varier la quantité des farines employées à la confection des pâtons, bien que faibles, sont cependant à noter. Elles proviennent en partie du plus long temps qu'il faut pour retirer le gluten dans les gros pâtons. Ainsi des pâtons faits avec 10, 20, 50 et 100 grammes de farine ont donné après vingt-cinq minutes de repos :

1° Avec des farines de blé tendre blutées à 20 pour 100 :

GLUTEN. gr.		GLUTEN. gr.
2.8	soit pour 100	28.0
5.8	—	29.4
15.2	—	30.4
31.5	—	31.5

2° Et avec des farines de blé dur blutées à 12 pour 100 :

GLUTEN. gr.		GLUTEN. gr.
3.4	soit pour 100	34.0
6.8	—	34.0
17.5	—	35.0
36.4	—	36.4

III. — Lorsque l'on prend 60 grammes d'eau au lieu de 40 grammes pour faire un pâton avec 100 grammes de farine, le gluten est plus difficile à rassembler, mais son poids est le même.

IV. — Le temps que l'on met à rassembler le gluten varie avec la nature du blé. Il varie aussi avec l'ancienneté de la farine; il est moins long, et, dans ce cas, le gluten est plus compact, granuleux. Pour certaines farines du Chili, par exemple, le gluten est tellement fluide lorsqu'elles sont récentes, que l'on peut à peine le réunir; après dix-huit mois de mouture, au contraire, le gluten est consistant et il se rassemble vite (1).

V. — Les erreurs d'analyses provenant du travail de l'opérateur sont très appréciables. Pour quatre préparateurs habiles agissant simultanément dans les mêmes conditions, j'ai constaté que l'écart dans le poids du

---

(1) M. Raby a cité depuis le cas d'une farine de blé dur de Kubanka qui se serait également améliorée en vieillissant. Cotée bonne à l'entrée en magasin, cette farine contenait alors un peu moins de 37 pour 100 de gluten humide; trois mois après, elle en fournissait 39 pour 100, puis 43 pour 100 au bout de six mois; enfin, 48 pour 100 au bout d'un an. La diminution survint alors, mais après deux ans de garde, la farine rendait encore plus de gluten qu'au début. (*Observations relatives à l'analyse des farines et à leur conservation*, par L. RABY, pharmacien-major; — *Union pharmaceutique*, décembre 1885.)

gluten atteignait fréquemment 2 pour 100 grammes de farine : cet écart tenait surtout à la façon dont le gluten avait été lavé puis exprimé avant d'être pesé (1).

VI. — L'opération du lavage a donné lieu aux remarques suivantes :

Par des lavages successifs on obtient, au bout d'un temps plus ou moins long, un poids de gluten à peu près constant. Le gluten des farines dures perd moins par lavage que le gluten des farines tendres ; ainsi, tandis que le premier ne perd en moyenne que 5 pour 100, le second perd 7 pour 100.

Le gluten, retiré d'un pâton préparé depuis trois heures perd plus que le gluten retiré d'un pâton que l'on vient de préparer. Cette perte est de 2 à 3 pour 100 pour les farines dures, et de 4 à 6 pour 100 pour les farines tendres. Dans les farines bien blutées, la perte paraît moindre.

Dans les farines anciennes, elle est beaucoup plus considérable.

Une masse de gluten provenant de bonne farine mise dans l'eau pendant vingt-quatre heures, puis lavée, perd en moyenne 10 pour 100 ; avec de vieilles farines, la perte dépasse 20 pour 100.

VII. — La dessiccation du gluten a fourni les observations les plus intéressantes (2).

Le gluten est susceptible de s'hydrater diversement, et, en général, l'hydratation est plus élevée avec le gluten des blés tendres qu'avec le gluten des blés durs.

---

(1) M. W. Johannsen, qui a repris la plupart de mes expériences, a observé que des dosages de gluten menés parallèlement par un même opérateur variaient *souvent beaucoup* lorsqu'ils étaient faits à des jours différents, tandis qu'on obtenait en général une *bonne concordance* en les faisant le même jour. (*Sur le gluten et sa présence dans le grain de blé*, par W. JOHANNSEN, in *Résumé du compte rendu des travaux du laboratoire de Carlsberg*, 2e vol., 5e liv., 1888.)

(2) Les opérations ont été faites en étendant en couche mince le gluten humide sur des lames de verre préalablement tarées, et en laissant à l'étuve le temps nécessaire pour la dessiccation complète.

Exp. A. — 100 grammes de farines dures (Indes) provenant de deux lots différents ont donné :

36ᵍʳ,8 de gluten contenant.	Gluten sec........	13.0	35.32
	Eau...............	23.8	64.68
		36.8	100 »
36ᵍʳ,4 de gluten contenant.	Gluten sec........	12.3	33.79
	Eau...............	24.1	66.21
		36.4	100 »

Exp. B. — 100 grammes de farines tendres (Amérique) de mouture récente prises dans deux lots divers ont donné :

31ᵍʳ,3 de gluten contenant.	Gluten sec........	10.25	32.75
	Eau..............	21.05	67.25
		31.30	100 »
31ᵍʳ,5 de gluten contenant.	Gluten sec........	10.20	32.38
	Eau..............	21.30	67.62
		31.50	100 »

VIII. — L'hydratation peut varier dans le gluten d'une même farine suivant que ce gluten a été retiré des pâtons immédiatement après leur préparation ou après quelques heures de repos : dans ce dernier cas, le gluten est plus mou.

Exp. A. — 100 grammes de farine dure des Indes ont donné immédiatement après la préparation du pâton 39 grammes de gluten, et, après un repos de deux heures, 44 grammes. Par dessiccation à l'air d'abord, puis à l'étuve jusqu'à poids constant, on a obtenu :

De suite................	Gluten sec........	16.9	43.33
	Eau..............	22.1	56.67
		39 »	100 »
Après 2 heures...........	Gluten sec........	17.9	40.68
	Eau..............	26.1	59.32
		44 »	100 »

Exp. B. — 100 grammes de farine provenant d'un

autre lot ont donné dans les mêmes conditions 35 grammes et 37^{gr},8 de gluten, dont la composition était :

		De suite		
De suite	Gluten sec	12.4	35.42
	Eau	22.6	64.58
		35.0	100.00
Après 2 heures	Gluten sec	13.0	34.39
	Eau	24.8	65.61
		37.8	100.00

Exp. C. — 100 grammes de farine tendre ont fourni semblablement 31^{gr},8 et 34^{gr},2 de gluten ainsi composé :

De suite	Gluten sec	11.0	34.59
	Eau	20.8	65.41
		31.8	100.00
Après 2 heures	Gluten sec	11.2	32.74
	Eau	23.0	67.26
		34.2	100.00

IX. — L'hydratation du gluten varie avec l'ancienneté de la farine :

Exp. — On a fait deux pâtons avec 100 grammes de farine tendre d'Amérique ayant neuf mois de mouture. L'un de ces pâtons, malaxé de suite, a donné 23^{gr},6 de gluten humide, et l'autre, après deux heures de repos, 27 grammes. Par dessiccation on a eu :

De suite	Gluten sec	9.6	40.67
	Eau	14.0	59.33
		23.6	100.00
Après 2 heures	Gluten sec	10.6	39.25
	Eau	16.4	60.75
		27.0	100.00

X. — Voici quelques expériences qui se rattachent à l'étude de l'hydratation du gluten.

Exp. A. — Lorsqu'on dissout un poids donné de gluten humide dans l'acide acétique faible et qu'on projette cette solution dans une eau saturée de bicarbonate de soude, le gluten que l'on en retire immédiatement gagne du poids lorsqu'on le lave à grande eau.

Exp. B. — Une masse de gluten triturée dans une eau saturée de chlorure de sodium perd de son poids et acquiert la consistance du caoutchouc. Par lavage à grande eau elle reprend son poids primitif avec des qualités d'élasticité qu'elle n'a pas toujours au début. Cette propriété du chlorure de sodium de raffermir le gluten n'est pas inconnue des ouvriers boulangers, qui savent, par tradition, qu'il suffit d'ajouter une poignée de sel aux pâtes qui *relâchent* pour leur donner du *corps*.

Le sel est entraîné par les lavages.

$6^{gr},7$ de gluten ayant séjourné vingt-quatre heures dans l'eau salée ont donné après dessiccation à l'étuve $3^{gr},9$, et après calcination $0^{gr},834$.

$6^{gr},7$ du même gluten ont donné après lavage à grande eau $8^{gr},3$, puis par dessiccation $2^{gr},8$, et par calcination $0^{gr},154$.

Exp. C. — Les solutions qui suivent agissent de la même façon sur le gluten, mais avec plus ou moins d'intensité :

> Acétate d'ammoniaque.
> Carbonate de potasse.
> Chromate de potasse.
> Sulfate de cuivre.
>   — de fer.
>   — de magnésie.
>   — de zinc.
> Alun.
> Glycérine.

Dans la glycérine le gluten devient brun foncé ; par lavage et mastication il reprend sa teinte grise.

Exp. D. — Après une immersion de vingt-quatre heures dans les liquides suivants le gluten ne paraît pas modifié :

Bromure de potassium au 10°.
Iodure de potassium au 10°.
Chlorate de potasse au 20°.
Nitrate de potasse au 10°.
Hyposulfite de soude en solution.
Huile d'olive.

Exp. E. — Le gluten qui séjourne dans les solutions suivantes, s'altère plus ou moins et disparaît complètement par lavage à grande eau :

Acide azotique dilué.
— chlorhydrique dilué.
— citrique au 10°.
— tartrique au 10°.
Alcool étendu.
Ammoniaque très diluée.
Acétate de plomb cristallisé.
Sous-acétate de plomb liquide.
Azotate acide de mercure.

Exp. F. — Une masse de gluten de 100 grammes étirée sur des ficelles et desséchée à l'air pendant plusieurs jours a perdu 56 grammes d'eau. Elle a repris par lavage tout ce que la dessiccation lui avait enlevé ; sa teinte et son élasticité étaient redevenues les mêmes qu'au début.

Une masse semblable desséchée à l'air puis à l'étuve à 100 degrés a perdu 65 grammes ; elle a repris au contact de l'eau une partie seulement de son poids, mais non son élasticité.

XI. — Les procédés de mouture employés ne paraissent pas avoir d'action particulière sur le gluten. On a bien constaté que le même blé avec des meules de nature différente pouvait donner des farines contenant des proportions de gluten variables, mais ce fait s'explique par le degré d'affleurement de la farine, telle meule attaquant plus intimement le grain que telle autre. Les propriétés du gluten sont les mêmes.

RÉSUMÉ

1. On peut obtenir pour une même farine des quantités variables de gluten suivant la manière dont on opère. L'écart tient surtout au degré d'hydratation du gluten et au lavage qu'on lui fait subir.

2. Le gluten renferme des quantités d'eau d'hydratation variables. Ainsi l'eau est en plus forte proportion dans le gluten des blés tendres que dans le gluten des blés durs. Elle est en moins forte proportion dans le gluten retiré des pâtons immédiatement après leur préparation que dans le gluten retiré des pâtons après deux heures de repos.

Elle est également en moins forte proportion dans le gluten des vieilles farines.

3. Certains corps tels que le sel marin, l'acétate d'ammoniaque, le carbonate de potasse, la glycérine, etc., peuvent enlever de l'eau au gluten, le déshydrater. Par lavage à grande eau, ce gluten qui a perdu de son poids et s'est durci, reprend, avec son poids primitif, toutes les qualités d'un bon gluten.

4. Un lavage prolongé fait perdre au gluten une partie de son poids.

Le gluten des blés durs perd moins par lavage que le gluten des blés tendres; le gluten d'un pâton préparé récemment perd également moins que le gluten d'un pâton préparé depuis deux heures. Le gluten des vieilles farines perd plus que le gluten des farines récentes.

Une masse de gluten provenant de farine nouvelle, mise dans l'eau pendant vingt-quatre heures puis lavée perd en moyenne 10 pour 100; avec les vieilles farines, la perte dépasse 20 pour 100.

5. Pour éviter des erreurs dans le dosage du gluten humide, il conviendrait d'opérer comme il suit :

Faire un pâton avec 50 grammes de farine et 20 à 25 grammes d'eau ; laisser ce pâton au repos pendant vingt-cinq minutes, puis le partager en deux parties égales ; retirer le gluten de l'une immédiatement, et celui de l'autre une heure après ; peser le gluten après l'avoir fortement serré dans la main dès que l'eau de lavage s'écoule claire ; continuer le lavage pendant cinq minutes et peser de nouveau. On a ainsi, pour une même farine, quatre données dont le total représentera la moyenne du gluten pour 100 parties de farine.

§ III. — Des causes de l'altération des farines.

Lorsque je m'occupais de recherches sur les blés germés, j'avais remarqué que les pâtons préparés avec les farines brutes de ces blés donnaient une quantité de gluten d'autant plus faible qu'on les avait laissés plus longtemps au repos avant de les soumettre au lavage. Depuis, j'ai eu occasion de constater que des masses de gluten, mises en contact avec du son hydraté, se désagrégeaient rapidement.

Ces observations ont été le point de départ des expériences qui suivent :

Exp. I. — On a trituré à la main pendant dix minutes 100 grammes de son ancien avec 250 grammes d'eau froide, puis on a pressé le tout dans un linge serré. Le liquide provenant de cette expression a été immédiatement employé à faire des pâtons avec une farine tendre de première qualité. Après demi-heure de repos, ces pâtons donnaient 22 pour 100 de gluten et seulement 14 pour 100 après deux heures.

Des pâtons faits avec l'eau ordinaire ont donné, après le même temps, 28 et 29 pour 100.

Exp. II. — 100 grammes de son nouveau ont été triturés pendant dix minutes avec 250 grammes d'eau froide, puis fortement exprimés. Une portion du liquide obtenu a été filtrée de suite.

Les pâtons faits avec la partie filtrée et la même farine que précédemment ont donné, après demi-heure de repos, 28 pour 100 de gluten, et après cinq heures, 24 pour 100.

Avec le liquide non filtré, on a obtenu, après demi-heure, 23 pour 100 de gluten, et après cinq heures, 9 pour 100.

Des expériences analogues faites avec d'autres sons et d'autres farines ont donné des résultats semblables : toutefois, avec les blés durs la disparition du gluten est moins rapide.

L'acidité de l'eau dans laquelle le son a macéré ne saurait être invoquée comme cause altérante, car elle est la même dans la portion filtrée que dans la portion non filtrée.

Exp. III. — Lorsqu'on laisse le son en macération avec l'eau pendant quinze à vingt heures, le liquide que l'on retire par expression, bien que son acidité soit plus élevée, agit plus faiblement sur le gluten des farines.

Exp. IV. — Au contraire, le résidu laissé sur filtre par l'eau provenant d'une macération peu prolongée conserve, en se desséchant à l'air, toute son activité. Ainsi, des pâtons faits avec de bonnes farines auxquelles on a ajouté quelques décigrammes de résidu sec ne donnent, après cinq ou six heures de repos, que de faibles quantités de gluten.

Pour toutes ces expériences, une température de 25 degrés est particulièrement favorable. On a évité la dessiccation superficielle des pâtons en les entourant de linges imprégnés d'eau.

Exp. V. — Du son chauffé progressivement à 100 degrés et maintenu à cette température pendant neuf heures a été trituré avec de l'eau pendant quelques minutes, puis exprimé à travers un linge serré. Une partie du liquide obtenu a été filtrée, et l'autre, non.

Les pâtons préparés depuis deux heures avec l'eau filtrée donnaient 27 pour 100 de gluten ; les pâtons préparés avec de l'eau non filtrée ne donnaient, après le même temps de repos, que 13 pour 100.

Exp. VI. — Le même son a été traité par l'eau bouillante et exprimé de la même façon : le liquide que l'on retire n'a plus d'action sur le gluten des farines.

Exp. VII. — De la farine chauffée à 80 degrés pendant trois heures a perdu 6,5 pour 100 d'eau et a donné 26 pour 100 de gluten.

La même farine, chauffée à 100 degrés pendant trois heures, a perdu 11,4 pour 100 d'eau et a donné 26,6 pour 100 de bon gluten (1). Chauffée à 100 degrés pendant huit heures, elle a perdu 14,1 pour 100 d'eau et donné la même quantité de gluten, mais ce gluten était devenu granuleux : lorsqu'on la pétrissait avec l'eau, elle dégageait une légère odeur de pain cuit.

Exp. VIII. — On sait, par les recherches de M. Dumas (2), que le borate de soude détruit l'activité des ferments solubles et qu'il n'exerce pas la même action sur les ferments organisés.

100 grammes de son ont été triturés avec de l'eau boratée à 1/20 ; le liquide exprimé a été partagé en deux portions : l'une a été filtrée ; l'autre, non.

Les pâtons préparés avec le liquide non filtré ont

---

(1) C'est donc à tort que plusieurs observateurs ont avancé que le gluten est altéré à une température inférieure à 100 degrés et que les farines étuvées entre 70 et 80 degrés sont impropres à la panification. M. Bousson est revenu sur ce fait important dans un travail publié en 1889 dans la *Revue du service de l'Intendance* (*Recherches sur l'application de l'étuvement à la conservation des farines*, par le pharmacien-major Bousson).

(2) Dumas, *Sur les ferments appartenant au groupe de la diastase* (*Comptes-rendus de l'Académie des sciences*, t. LXXV, 1873).

donné, après vingt heures de repos, 5 pour 100 de gluten, et avec le liquide filtré, 22 pour 100.

Les pâtons préparés avec la même farine (farine tendre de première qualité) et l'eau boratée à 1/20 ont donné, après le même temps de repos, 25 pour 100 de gluten.

Dans ces expériences, comme dans celles qui précèdent, le gluten a été longuement lavé à grande eau.

Il résulte de ces faits que le son contient une sorte de ferment qui agit directement sur le gluten des farines en le fluidifiant. Ce ferment est insoluble et peut résister à une température sèche de 100°. L'eau bouillante le détruit. Une basse température l'enraye ; une température de 25 degrés jointe à une certaine humidité convient particulièrement à son évolution.

J'ai recherché dans quelle partie du son il se trouvait, et voici quelques expériences qui me font supposer qu'il existe dans les membranes qui entourent l'embryon, mais non dans l'embryon.

Exp. IX. — Du blé *présentant des traces manifestes de germination*, a été lavé avec une petite quantité d'eau, et une portion de l'eau de lavage a été filtrée.

Les pâtons faits avec l'eau de lavage non filtrée ne donnaient bientôt plus de gluten, alors que les pâtons avec l'eau de lavage filtrée donnaient encore 24 pour 100 de gluten, après un repos de vingt heures.

Exp. X. — Le même blé *n'offrant aucunes traces de germination*, lavé de la même façon, donne une eau de lavage sans action.

Exp. XI. — Lorsqu'on emploie avec les blés germés l'eau boratée à 1/20, au lieu d'eau ordinaire, l'action du ferment sur le gluten n'est pas enrayée.

Exp. XII. — 10 centigrammes de germes retirés

d'un son provenant de blé dur des Indes (1) ont été triturés avec une quantité d'eau suffisante pour faire un pâton avec 20 grammes de farine dure de première qualité.

Le pâton, après vingt-quatre heures, renfermait 6^{gr},8 de gluten parfaitement lavé.

Un pâton fait avec la même farine sans addition de germes a donné le même résultat.

Exp. XIII. — Avec 10 centigrammes du même son mélangé de germes, on a obtenu, dans des conditions semblables, 4^{gr},8 de gluten très visqueux.

Exp. XIV. — J'ai remarqué, pendant toutes ces recherches, que les pâtons faits avec de l'eau boratée ont une odeur particulière, agréable. Ils acquièrent en même temps une teinte jaune pâle.

Cette teinte est plus accusée avec les farines dont le taux de blutage est peu élevé. Elle paraît être le résultat d'une action spéciale du borax sur l'embryon, car les germes, au contact de l'eau boratée, prennent de suite une belle teinte jaune. ·

§ IV. — Conclusions générales.

1. En dehors de toutes causes extérieures, le blé contient un ferment qui peut amener naturellement son altération. Ce ferment paraît avoir pour point de départ le voisinage de l'embryon. Il est insoluble et possède les propriétés des ferments organisés. Il résiste à une température sèche de 100 degrés, mais l'eau bouillante le détruit. L'eau et la chaleur sont indispensables à son évolution, et une température humide de 25 degrés lui

______

(1) Il est assez facile d'isoler ces germes dans les sons laissés par la mouture hongroise, car ils s'aplatissent sous l'effort des cylindres ; ils ne sont pas déchirés et divisés comme avec les meules.

convient particulièrement. Il porte son action sur le gluten, qu'il fluidifie.

Par une mouture bien dirigée, il reste en grande partie dans le son, et la farine en contient d'autant moins qu'elle est mieux blutée, plus pauvre en son. Un frottement exagéré des meules, une trop grande vitesse dans leur rotation, ont pour effet de dissocier plus complètement l'enveloppe du blé et, par suite, de faire passer le ferment en plus grande quantité dans la farine : de là les altérations rapides que l'on remarque dans les farines *dites* échauffées par les meules. Ces écarts sont évités dans la mouture par cylindres.

2. L'acidité dans les vieilles farines n'est pas, comme on l'a admis, la cause de la disparition du gluten ; elle en est la conséquence : elle ne précède pas l'altération, elle la suit.

3. Le gluten semble exister dans le blé au même titre que l'amidon. Je ne crois pas qu'il résulte de l'action de l'eau sur une substance *gluténogène* particulière. Les expériences que l'on a invoquées à l'appui de cette hypothèse (1) peuvent s'expliquer différemment. J'ai montré que le gluten contenait des quantités d'eau variables et que certains corps, tels que le sel marin, s'opposaient à sa désagrégation, tandis que d'autres, comme l'acide acétique affaibli, la rendaient immédiate.

Cette double action se manifeste dans les faits suivants : lorsque l'on vient de mélanger une bonne farine avec de l'eau salée, on ne peut en retirer le gluten ; mais, si l'on abandonne le mélange à un repos suffisant, de façon à permettre au gluten de s'hydrater, on peut le retirer en entier ; on peut même le retirer de suite si l'on favorise l'hydratation en associant au mélange

---

(1) Péligot. *Traité de chimie analytique appliquée à l'agriculture,* p. 376. — Paris, Masson, 1883.
Voir aussi page 157.

primitif une certaine quantité de gluten humide. Avec l'acide acétique étendu, la dissociation du gluten est immédiate et complète; on ne peut plus le rassembler.

4. Dans les farines étuvées, le gluten subsiste avec ses propriétés. L'action du ferment est ralentie par suite du manque d'eau, mais il n'est pas détruit; il reprend son rôle dès que l'eau et la chaleur reparaissent.

5. Les conditions à remplir pour obtenir une longue conservation sont d'employer des blés bien sains, de préférence des blés durs; de ménager l'enveloppe du blé par une mouture bien ordonnée; de bluter les farines à un taux élevé et de les conserver dans des récipients où elles soient à l'abri de la chaleur et de l'humidité. L'administration de la guere vient de réaliser une partie de ces conditions en adoptant pour la conservation des farines dans nos places fortes l'usage des caisses métalliques étanches. Il y aurait avantage à n'y mettre que des farines dures obtenues par premier jet.

On a vu, au début de ce travail, que la farine panifiable de nos manutentions militaires contenait toute la farine fleur, à laquelle on ajoutait 12 à 18 pour 100 de farines de gruaux remoulus pour parfaire les taux prescrits. L'addition de ces remoutures de gruaux est une source d'altérations, mais on ne peut songer à les supprimer dans le service courant : il y aurait à la fois perte pour le Trésor et perte pour le soldat, car ces farines sont extrèmement riches en principes nutritifs (1). Toutefois, on pourrait retarder ces altérations en ne mélangeant les remoutures à la farine fleur qu'au moment du

---

(1) C'est surtout à ces gruaux remoulus que l'on doit les qualités nutritives exceptionnelles du pain de munition. On connaît les expériences de Magendie (*Précis élémentaire de physiologie*, t. II, p. 493, 2ᵉ édition, Paris 1825) :

« Un chien mangeant à discrétion du pain blanc de froment pur et buvant à volonté de l'eau commune ne vit pas au delà de cinquante jours.

« ... Un chien mangeant exclusivement du pain bis militaire ou de munition vit très bien et sa santé ne s'altère en aucune façon. »

besoin, au lieu de les mêler, comme on le fait, à la sortie du moulin. Il y aurait même un intérêt réel à ne conserver que la farine de premier jet (1) et à la mélanger au moment de la panification avec des gruaux récemment remoulus, car on sait, par les travaux de Parmentier sur le son, qu'une telle addition aurait pour effet de rajeunir la farine ancienne.

(*Annales de chimie et de physique*, 6ᵉ série, t. I, 1884 ; — *Journal de pharmacie et de chimie*, 5ᵉ série, t. VII, 1883.)

---

(1) Une décision ministérielle récente (septembre 1893) prescrit la séparation des gruaux bis de la farine proprement dite tant pour les farines entretenues en sacs que pour celles logées en caisses étanches.

Deuxième mémoire sur les farines.

L'idée de remplacer, dans les moulins, les meules ordinaires par des cylindres paraît remonter à 1821. Mais ce n'est que depuis 1874 que ce mode de mouture a pris une très grande extension en Hongrie. Depuis l'exposition de Paris de 1878, il tend à s'implanter en France.

Le blé convenablement nettoyé est soumis à l'action successive de cylindres cannelés en fonte, puis de cylindres lisses en acier ou en porcelaine. Après chaque passage, la mouture est dirigée dans des bluteries qui en séparent la farine, et les produits restant dans les bluteries sont soumis à l'action énergique des sasseurs, qui les nettoient, puis ramenés aux cylindres pour un nouveau passage.

Les cylindres cannelés servent à broyer le blé ; cette opération se fait en cinq à sept temps : il y a, par suite, cinq à sept broyages distincts. Ces broyages donnent la farine sur blé ou de premier jet.

Les cylindres lisses sont destinés à transformer les gruaux en farine ; l'opération nécessite au moins cinq passages.

On retire du blé nettoyé environ 74 pour 100 de farine. Les cylindres cannelés produisent 16 à 18 pour 100 et les cylindres lisses 56 à 58.

Des 74 de farine totale, on obtient 68 en première marque et 6 de farine seconde.

En France, les farines premières représentent généralement un mélange des deuxième, troisième, quatrième et cinquième broyages avec les quatre premiers passages des gruaux.

En Autriche, on sépare le plus souvent les divers passages; il y a, par suite, autant de variétés de farine que de passages distincts.

Les farines secondes comprennent les passages inférieurs et le premier broyage; ce broyage donne un produit noirâtre connu sous le nom de *farine noire* ou de *farine bleue;* on peut l'évaluer à 1 pour 100.

Les issues constituent les rebulets (crons), les petits sons et les gros sons; elles renferment encore des gruaux avec presque tous les germes du blé.

Dans la mouture par meules, le rendement en farine est à peu près le même; mais la proportion de farine sur blé varie suivant que l'on emploie la mouture basse ou la mouture haute. Ainsi, dans la mouture basse où les meules sont très rapprochées, on obtient d'un seul coup une forte proportion de farine sur blé et très peu de farine de gruaux. Dans la mouture haute, au contraire, on obtient, comme avec les cylindres, beaucoup de farine de gruaux et moins de farine de premier jet : les grains ne sont pas écrasés d'un seul coup; ils subissent au moins deux passages successifs à travers les meules de plus en plus rapprochées.

Dans le premier procédé, les gruaux reçoivent deux à trois coups de meule, et dans le second, trois à quatre.

Les issues laissées par les meules retiennent encore des gruaux, mais elles ne renferment plus de germes comme les issues des cylindres.

De 100 kilogrammes de blé nettoyé, on peut retirer approximativement :

	MOUTURE par cylindres.	MOUTURE PAR MEULES	
		basse.	haute.
Farine sur blé ou de premier jet...	18 à 20^{kg}	45 à 50^{kg}	18 à 20^{kg}
Farine de gruaux..................	57 à 55	30 à 25	57 à 55
Issues et pertes	25	25	25

Je rappellerai que les blés destinés à l'alimentation du soldat français sont traités par les meules à mouture basse, de façon à ne laisser que 12 à 20 pour 100 d'issues, suivant leur essence. Au lieu de produire 74 de farine panifiable, ils en produisent 80 à 88.

J'insiste sur toutes ces données, car j'y reviendrai lorsque j'aurai montré la répartition de l'eau, des matières salines, des matières grasses, du ligneux, de l'acidité, du sucre et du gluten dans les divers produits des moutures.

Les échantillons pris en dehors des meuneries militaires ont été prélevés dans les usines de la maison Cornaille-Leroy de Cambrai, par les soins de M. Alfred Cornaille, ancien élève de l'Ecole centrale des arts et manufactures.

§ I. — Répartition de l'eau dans les divers produits des moutures.

Pour doser l'eau, on a mis dans une capsule 5 grammes de matière et l'on a opéré la dessiccation à l'étuve à courant d'air de Coulier, en chauffant progressivement et de façon à avoir pendant huit heures une température uniforme de 95 à 100 degrés. On a laissé refroidir la capsule sous un exsiccateur, puis on a pesé rapidement.

A. — *Blés mélangés (1/3 Californie, 1/3 Indes, 1/3 blés du nord de la France), récolte de 1883, mouture par cylindres du 8 mai 1884.*

	Eau pour 100. (Juin 1884.)
Farine du 1er broyage	12.76
— des 2e, 3e et 4e broyages mélangés	13.05
— du 5e broyage	13.18
— des 1er, 2e et 3e passages des gruaux	13.70
— du 4e passage des gruaux	13.80
— du 5e passage des gruaux	13.74
— comprenant les 2e, 3e, 4e et 5e broyages et les 1er, 2e, 3e et 4e passages des gruaux	13.40

Eau pour 100.
(Juin 1884.)

Rebulet... 13.20
Petit son... 13.54
Gros son.. 14.18
Germes intacts (1)................................ 12.70

B. — *Blés mélangés (2 Californie, 2 Pologne, 3 Indes, 5 nord de la France), récolte de 1883, mouture par meules du 13 mai 1884.*

Eau pour 100.
(Juin 1884.)

Farine de premier jet............................ 12.66
  —   des gruaux blancs........................ 12.90
  —   des petits gruaux 12.40
  —   des gruaux bis sassés et broyés aux cylindres. 12.74
  —   de tous les passages réunis............... 12.90
Rebulet... 13.09
Son 13.10

C. — *Farines tendres des manutentions militaires blutées à 20 pour 100.*

Eau pour 100.

Blé de Russie, récolte 1880, mouture en octobre, examinée en novembre........................ 13.76
Blé roux d'Amérique, récolte 1882, mouture en novembre, examinée en décembre................ 12.80
Blé de Pologne, récolte 1883, mouture en mars, examinée en mai............................ 12.72
Blé de Varna, récolte 1883, mouture en mai, examinée en juin 12.84

D. — *Farines dures des manutentions militaires blutées à 12 pour 100.*

Eau pour 100.

Blé dur des Indes, récolte 1880, mouture en septembre, examinée en novembre................ 13.09
Blé dur des Indes, récolte 1882, mouture en mars, examinée en avril...................... 12.31
Blé dur des Indes, récolte 1883, mouture en mars, examinée en mai........................ 13.06
Blé dur des Indes, récolte 1883, mouture en mai, examinée en juin............................ 11.56

---

(1) Ces germes ont été retirés un à un des petits sons.

OBSERVATIONS

I. Le dosage de l'eau dans les farines est une opération délicate, et pour avoir des résultats comparables il importe de se placer rigoureusement dans les mêmes conditions. Ainsi, une farine chauffée à 80 degrés pendant trois heures n'a perdu que 6,50 pour 100 d'eau ; la même farine chauffée à 100 degrés pendant trois heures a perdu 11,40 et pendant huit heures 14,10. Millon, qui a parfaitement étudié tous ces faits, a constaté que la farine chauffée à 130 degrés pendant vingt heures perdait encore de l'eau (1).

II. D'autre part, les pesées doivent être faites rapidement, car les farines qu'on retire des exsiccateurs reprennent facilement de l'eau. Dans un milieu où l'humidité relative est de 72 pour 100 et la température de 22° la farine reprend $0^{gr},40$ pour 100 en dix minutes.

III. Il y a également à tenir compte du degré d'acidité de la farine. M. Bondonneau (2) a montré que les acides de fermentation contenus dans les fécules du commerce pouvaient, pendant la torréfaction, transformer une partie de l'amidon en glucose en fixant de l'eau. La quantité d'eau retenue ainsi est très appréciable : une farine de blé tendre très ancienne, dont l'acidité représentée en acide sulfurique monohydraté était de 0,137 pour 100, a donné par dessiccation directe 12,85 pour 100 d'eau. En neutralisant préalablement l'acide par l'eau ammoniacale, de façon à éviter la tranformation de l'amidon en glucose, on a obtenu 13,20 pour 100.

---

(1) Mais arrivée à ce degré de déshydratation la farine a jauni, ce qui indique un commencement d'altération.

(2) BONDONNEAU, *Dosage de l'humidité des matières amylacées* (*Comptes rendus de l'Académie des sciences,* t. XCVIII, 1884.)

IV. Enfin, l'état hygrométrique de l'air ne doit pas être négligé. J'ai eu l'occasion d'observer que les mêmes farines contenaient des quantités d'eau variables, suivant qu'on opérait par un temps sec ou par un temps humide, et que l'écart pouvait atteindre 1 pour 100. De la farine préalablement desséchée, portée dans une cave où l'humidité relative est de 96 pour 100 et la température de 16°, peut reprendre un maximum de 18 pour 100 d'eau.

V. Il me paraît utile de transcrire ici les résultats des expériences pratiquées et publiées mensuellement, en 1883, par les soins de la Commission des farines Neuf-marques de Paris. Ces expériences, qui portent sur les farines de huit fabricants choisis par le Commerce (1) me conduiront à quelques notions générales sur l'eau d'abord, puis sur le gluten plus tard.

	JANVIER.		FÉVRIER.	
	GLUTEN pour 100.	EAU pour 100.	GLUTEN pour 100.	EAU pour 100.
1	23.40	14.00	23.60	15.10
2	23.00	14.00	23.50	16.00
3	23.50	14.20	22.00	15.60
4	25.35	13.10	24.60	15.20
5	23.50	14.10	22.15	15.50
6	24.50	14.10	25.35	13.80
7	23.25	13.90	23.80	15.30
8	22.60	14.10	24.00	14.60

---

(1) Les huit fabricants choisis par le Commerce spécial de Paris, en 1883, comme fabricants-types, étaient :

MM. Aubin, Baron et Cie ;
  C. et L. Bloch, fils ;
  Jamin et Leroux ;
  Lefebvre et Vaury ;
  Truffaut ;
La Société de la Minoterie française ;
  — des Grands Moulins de Corbeil :
Les Moulins Abel Leblanc.

La *Commission des farines Neuf-marques*, aujourd'hui *Commission des farines Douze-marques* a été créée en 1868 sous le nom de *Commission des farines supérieures de Paris*.

	MARS. GLUTEN pour 100.	MARS. EAU pour 100.	AVRIL. GLUTEN pour 100.	AVRIL. EAU pour 100.
1	23.60	15.10	26.50	13.10
2	23.00	14.90	23.30	14.70
3	23.15	15.70	25.20	15.70
4	24.15	15.20	24.00	13.70
5	25.60	13.40	26.40	14.40
6	24.20	14.80	22.60	15.80
7	24.60	14.90	24.45	14.40
8	23.40	15.20	24.15	15.10

	MAI. GLUTEN pour 100.	MAI. EAU pour 100.	JUIN. GLUTEN pour 100.	JUIN. EAU pour 100.
1	25.80	15.00	24.60	12.80
2	22.60	14.80	26.40	12.10
3	24.30	14.50	23.10	12.80
4	23.10	14.00	25.10	13.00
5	23.80	14.40	23.70	14.50
6	26.80	14.00	27.15	13.20
7	25.20	13.10	25.00	14.20
8	23.40	14.70	24.30	13.30

	JUILLET. GLUTEN pour 100.	JUILLET. EAU pour 100.	AOUT. GLUTEN pour 100.	AOUT. EAU pour 100.
1	26.30	12.10	25.30	13.10
2	25.20	12.30	27.10	12.50
3	23.40	13.10	23.25	14.30
4	27.60	12.40	27.00	13.40
5	24.00	12.80	24.10	13.70
6	24.00	12.20	24.40	13.20
7	24.30	13.50	24.30	14.60
8	25.00	12.60	25.80	12.50

	SEPTEMBRE. GLUTEN pour 100.	SEPTEMBRE. EAU pour 100.	OCTOBRE. GLUTEN pour 100.	OCTOBRE. EAU pour 100.
1	27.70	14.30	27.70	14.70
2	27.45	12.70	23.80	14.30
3	23.70	14.10	27.75	12.70
4	27.15	13.50	25.10	14.10
5	25.20	13.20	28.35	13.60
6	30.60	13.10	27.10	14.30
7	28.10	13.20	27.75	13.30
8	26.40	13.30	27.60	13.30

	NOVEMBRE.		DÉCEMBRE.	
	GLUTEN pour 100.	EAU pour 100.	GLUTEN pour 100.	EAU pour 100.
1....................	27.00	14.40	27.60	14.10
2....................	28.50	13.10	26.10	15.20
3....................	26.10	15.60	25.50	13.90
4....................	26.40	13.90	26.10	14.60
5....................	24.30	14.40	26.85	15.10
6....................	27.90	13.80	25.80	14.70
7....................	24.90	14.30	28.30	14.90
8....................	27.60	13.70	25.50	14.30

Partant de ces données on a pour l'humidité de chaque mois :

	Eau pour 100 moyenne.	Eau pour 100 minimum.	Eau pour 100 maximum.
Janvier....................	13.93	13.10	14.20
Février....................	15.13	13.80	16.00
Mars......................	14.90	13.40	15.70
Avril......................	14.61	13.10	15.80
Mai.......................	14.31	13.10	15.00
Juin......................	13.23	12.10	14.50
Juillet....................	12.62	12.10	13.50
Août......................	13.41	12.50	14.60
Septembre.................	13.42	12.70	14.30
Octobre	13.78	12.70	14.70
Novembre	14.15	13.10	15.60
Décembre..................	14.60	14.10	15.20

L'humidité moyenne de l'année est, par suite, de 14 pour 100. Le maximum est de 16 pour 100 en février et le minimum de 12,10 en juillet, soit un écart de 4 pour 100.

En 1882, le maximum a été également atteint en février et le minimum en juillet ; l'un était de 15,50 et l'autre de 11,10.

Il convient de faire remarquer que le minimum de chaque mois a été constamment fourni par les Grands Moulins de Corbeil, qui, depuis 1765, tiennent un rang si élevé dans la minoterie française. Ce minimum, pour l'année 1883, oscille entre 12,10 et 14,10 ; l'écart de 2 pour 100 traduit donc très exactement les fluctuations normales de l'eau dans les farines. Au delà de 14 pour 100, il y a lieu de supposer que les blés, au moment de la mouture, ont été plus ou moins mouillés. On sait que l'opération du mouillage a pour but de ramollir les téguments du grain, de favoriser leur séparation et, par suite, de donner plus de blancheur aux farines. Comme cette blancheur se traduit en définitive par une plus grande proportion d'eau qui, non seulement n'ajoute rien à la qualité de la farine, mais provoque son altération, il semble que dans le classement actuellement adopté par la Commission des farines Neufmarques de Paris, on attache trop d'importance à la blancheur des farines et pas assez à leur degré d'humidité.

CONCLUSIONS

1. La proportion d'eau contenue dans les divers produits des moutures par cylindres ou par meules est sensiblement la même.

2. Il y a une relation constante entre l'état hygrométrique de l'air et le degré d'humidité d'une farine ; les farines renferment généralement 1 à 2 pour 100 d'eau de plus en hiver qu'en été.

3. La moyenne de l'eau dans les farines premières du commerce est de 14 pour 100, le maximum est de 16 pour 100 et le minimum de 11,10 (1).

Dans les farines des manutentions militaires, le minimum est le même, mais le maximum n'est que de 13,80 ; la moyenne est, par suite, moins élevée ; on peut la fixer à 12,80 pour 100. Ces différences proviennent du *mouil-*

---

(1) Quelques auteurs donnent 20 à 25 pour 100 pour maximum et 8 à 9 pour 100 pour minimum. C'est ainsi que Doyère (*Mémoire sur l'ensilage rationnel,* p. 20, Paris, Paul Dupont, 1856), cite un blé de Cordoue qui ne contenait que 8 pour 100 d'eau et un blé du Calvados qui en renfermait 23 pour 100. On ne saurait admettre, en principe, de tels écarts.

lage des blés (1). Cette opération, qui rend les farines plus blanches et qu'il importerait de réglementer, n'est pratiquée qu'exceptionnellement dans les meuneries militaires où l'on s'attache, avant tout, à produire des farines nutritives et de longue et facile conservation.

4. Le dosage de l'eau dans les farines est une opération délicate; on doit toujours faire connaître à quel degré de chaleur on a soumis la farine et pendant combien de temps on l'a chauffée; on doit aussi, dans certains cas, tenir compte de son acidité et du degré hygrométrique de l'air.

§ II. — Répartition des matières salines dans les divers produits des moutures.

Le dosage des cendres a été pratiqué sur deux grammes de matière. L'incinération a été progressive et a duré de une heure à une heure et demie. Les pesées ont été faites au demi-milligramme.

A. — *Blé dur des Indes, récolte de 1882, mouture par cylindres du 5 juillet 1883.*

	CENDRES pour 100.
Farine des quatre premiers broyages.......	0.75
— du 5° broyage....................	0.90
— des 1er et 2e passages des gruaux....	0.40
— du 4° passage des gruaux...........	0.60
— du 5e passage des gruaux...........	0.60
Farine totale comprenant tous les passages.	0.65

---

(1) Elles proviennent aussi en partie de l'habitude que l'on a de n'examiner les farines militaires qu'après un mois de ressuage.

B. — *Blés mélangés (1/3 Californie, 1/3 Indes. 1/4 blés nord de la France), récolte de 1883, mouture du 8 mai 1884 (1).*

	CENDRES pour 100 gr. de farine	
	à l'état normal.	à l'état sec.
Farine du 1er broyage......................	0.97	1.11
— des 2e, 3e et 4e broyages mélangés.	0.55	0.63
— du 5e broyage......................	0.90	1.03
— des 1er, 2e et 3e passages des gruaux.	0.55	0.63
— du 4e passage des gruaux.........	0.50	0.58
— du 5e passage des gruaux.........	0.75	0.86
— totale comprenant les 2e, 3e, 4e et 5e broyages et les 1er, 2e, 3e et 4e passages des gruaux..........................	0.62	0.71
Rebulet..............................	3.85	4.43
Petit son............................	4.83	5.58
Gros son............................	6.05	7.04
Germes intacts.......................	5.14	5.86

C. — *Blés mélangés (1/3 Indes, 2/3 France), récolte de 1882, mouture par meules du 18 juillet 1883.*

	CENDRES pour 100.
Farine de premier jet....................	0.75
Farine des gruaux réunis.................	0.74
Farine totale...........................	0.75

---

(1) Cette mouture a donné approximativement pour 100 parties de blé nettoyé :

Farine du premier broyage....................	1
— des 2e, 3e et 4e broyages mélangés.......	15
— du 5e broyage.........................	3
— des 1er, 2e, 3e et 4e passages des gruaux.	50
— du 5e passage des gruaux..............	5 à 6
— totale comprenant les 2e, 3e, 4e et 5e broyages et les 1er, 2e, 3e et 4e passages des gruaux.	68
Rebulet, petit son, gros son....................	25

D. — *Blés mélangés (2 Californie, 2 Pologne, 3 Indes, 5 nord de la France), récolte de 1883, mouture par meules du 13 mai 1884 (1).*

	CENDRES pour 100 gr. de farine	
	à l'état normal.	à l'état sec.
Farine de premier jet..................	0.75	0.85
— des gruaux blancs..............	0.62	0.71
— des petits gruaux...............	0.82	0.93
— des gruaux bis (2)..............	0.60	0.68
Farine totale comprenant tous les passages.	0.73	0.83
Rebulet..............................	2.38	2.73
Son..................................	5.65	6.50

E. — *Farines de cylindres, premières marques du commerce.*

	CENDRES pour 100.
Farine de Hongrie, mouture de 1884........	0.33
— anglaise (2/3 blé de Californie, 1/3 blé anglais), mouture de 1882.........	0.37
— belge (3 blé roux d'Amérique, 2 Californie, 2 Indes, 1 Pologne, 1 indigène) mouture de 1882................	0.50
— française, maison Cornaille (1/3 Amérique et Pologne, 2/3 Nord), mouture de 1883......................	0.45
— française, maison Cornaille (1/4 Californie, 3/4 Nord), mouture de 1883.	0.50
— française, maison Cornaille (Indes Kurraché, récolte de 1883), mouture de 1884......................	0.65

---

(1) 100 parties de blé nettoyé ont donné approximativement :

Farine de premier jet.........................	50
— des gruaux blancs......................	10
— des petits gruaux......................	10
— des gruaux bis.........................	5
Farine totale comprenant tous les passages.....	75
Rebulet et son...............................	25

(2) Ces gruaux bis n'ont pas été, comme les autres, écrasés par la meule ; ils ont passé par les cylindres après avoir été sassés. L'influence du sasseur est très appréciable.

La farine des petits gruaux a été obtenue par la remouture des résidus laissés après extraction de la farine des premiers gruaux blancs.

F. — *Farines de meules, premières marques.*

	CENDRES pour 100.
Blé de Californie, récolte de 1881, mouture de 1882......................................	0.75
Blé de Chili, récolte de 1881, mouture de 1882.	0.52
Blés mélangés (1/5 Pologne et blé roux d'Amérique, 1/5 Californie, 3/5 blé du Nord), mouture de 1883............................	0.60
Blé de France, mouture 1883.............	0.60

G. *Farines tendres des manutentions militaires blutées à 20 pour 100.*

	CENDRES pour 100.
Blé roux d'Amérique, récolte de 1881, mouture de 1882......	0.60
— — récolte de 1882, mouture de 1883.......	0.75
Blé de Pologne, récolte de 1882, mouture de 1883..................	0.83
— récolte de 1883, mouture de 1884..................	0.80
Blé de Varna, récolte de 1883, mouture de 1884...............................	0.90

H. *Farine dures des manutentions militaires blutées à 12 pour 100.*

	CENDRES pour 100.
Blé dur des Indes, récolte de 1880.........	1.13
— — — 1881.........	1.50
— — — 1882.........	1.20
— — — 1883.........	1.20

OBSERVATIONS

Les cendres sont constituées en grande partie par des phosphates et paraissent avoir une composition analogue. Dans mes essais comparatifs, je n'ai trouvé de différences appréciables que pour les cendres de la farine du premier broyage des cylindres ; elles renferment de l'alumine, moins de phosphate et beaucoup plus de silice (22 pour 100 au lieu de 1,3). Ce fait doit être attribué aux parties terreuses localisées dans le sillon longitudinal du grain de blé : le nettoyage est impuissant contre ces impuretés.

CONCLUSIONS

1. Les matières salines sont réparties différemment dans les divers produits des moutures.

Dans la mouture par cylindres, comme dans la mouture par meules, les farines retirées des gruaux contiennent moins de cendres que les farines sur blé.

Dans la mouture par cylindres, les farines sont plus pauvres en cendres que dans la mouture par meules ; les issues, au contraire, sont plus riches.

2. Plus le taux de blutage d'une farine diminue, plus la proportion des matières salines augmente.

3. Les perfectionnements réalisés dans la meunerie pendant ces dernières années ont eu pour résultat de déplacer les matières salines et de modifier sensiblement les chiffres donnés par les ouvrages classiques : les farines ont perdu et les issues ont gagné.

Les farines premières des cylindres donnent généralement 0,30 à 0,50 pour 100 de cendres ; les farines premières de meules 0,50 à 0,75 ; les farines tendres des manutentions militaires blutées à 20 pour 100, 0,60 à 0,90, et les farines dures blutées à 12 pour 100, 1,10 à 1,30.

4. La composition de ces cendres paraît identique ; elle peut être modifiée dans certains cas par les poussières terreuses accumulées dans le sillon du grain de blé.

§ III. — Répartition de la matière grasse dans les divers produits des moutures.

La matière grasse a été extraite avec de l'éther à 62 degrés. A cet effet, on a employé des tubes en verre de 25 centimètres cubes de capacité, étirés en pointe fermée à l'un des bouts. On a introduit dans chacun d'eux un petit tampon en pâte de papier Berzélius bien lavé et desséché et par-dessus 5 grammes de matière ; on a rempli d'éther et fermé le tube avec un bouchon de liège. Après vingt-quatre heures, on a brisé la pointe et enlevé le bouchon pour recevoir l'éther dans une capsule en platine tarée ; on a versé dans le tube une nouvelle dose d'éther qui a été recueillie de suite dans la même capsule. On a pesé cette capsule après évaporation de l'éther.

Lorsqu'on opère sur 5 grammes de matière, la dessiccation préalable, généralement recommandée, n'est pas nécessaire.

A. — *Blés mélangés (1/3 Californie, 1/3 Indes, 1/3 Nord), récolte de 1883, mouture du 8 mai 1884.*

	MATIÈRE GRASSE pour 100 de farine	
	à l'état normal (10 mai).	à l'état sec.
Farine du 1er broyage..................	0.80	0.91
— des 2e, 3e et 4e broyages.........	0.80	0.92
— du 5e broyage...................	1.05	1.20
— des 1er, 2e et 3e passages des gruaux	0.54	0.62
— du 4e passage des gruaux........	0.62	0.71
— du 5e passage des gruaux........	1.60	1.85
Farines des 2e, 3e, 4e et 5e broyages et des 1er, 2e, 3e et 4e passages des gruaux....	0.74	0.85
Rebulet............................	3.90	4.49
Petit son..........................	3.38	3.90
Gros son	2.30	2.68
Germes............................	11.20	12.82

B. — *Blés mélangés (2 Californie, 2 Pologne, 3 Indes, 5 Nord), récolte de 1883, mouture par meules du 13 mai 1884.*

	MATIÈRE GRASSE pour 100 de farine	
	à l'état normal (15 mai).	à l'état sec.
Farine de premier jet....................	1.06	1.21
— des gruaux blancs..............	1.20	1.37
— des petits gruaux blancs..........	1.60	1.82
— des gruaux bis (sassés et broyés aux cylindres)...............	1.10	1.26
— de tous les passages réunis.......	1.09	1.25
Rebulet............................	2.37	2.72
Son..............................	2.32	2.67

C. — *Farines de cylindres, premières marques (1).*

	MATIÈRE GRASSE pour 100.
Farine de Budapest, mouture de 1884....	0.86
— de Cambrai (1/4 Californie, 3/4 Nord), 1883..................	0.90
— de Cambrai (Indes), 1883........	1.02
— — (Indes, Kurraché) 1884.	1.10
— — (1/3 Amérique et Pologne, 2/3 Nord), 1883...........	0.74

D. — *Farines de meules, premières marques.*

	MATIÈRE GRASSE pour 100.
Blés mélangés (1/5 Californie, 1/5 Amérique roux et Pologne, 3/5 Nord), mouture de 1883...............	0.89
— mélangés (1/3 Indes, 2/3 Nord), 1883.	0.96
— mélangés (1/4 Indes, 1/4 Amérique, 1/2 Nord, 1884)	0.99

---

(1) Pour ces farines et celles qui suivent, la matière grasse a été obtenue moins de trois mois après la mouture.

E. — *Farines tendres des manutentions militaires blutées à 20 pour 100.*

	MATIÈRE GRASSE pour 100.
Blé roux d'Amérique, mouture de 1882...	1.18
— — — 1883...	1.20
Blé de Pologne, 1883....................	0.98
— — 1884....................	1 »
Blé de Varna 1884......................	1.15

F. — *Farines dures des manutentions militaires blutées à 12 pour 100.*

	MATIÈRE GRASSE pour 100.
Blé des Indes, mouture de 1883.........	1.32
— — mars 1884....	1.15
— — mai 1884.....	1.43

OBSERVATIONS

I. Les matières grasses retirées des farines et des germes ont une couleur jaune pâle ; celles des issues sont plus ou moins rougeâtres : cette teinte provient de la matière colorante contenue dans les couches périphériques des grains de blé. Ces matières grasses ne se dissolvent qu'en partie dans l'alcool à 90 degrés ; elles ont la consistance du miel et deviennent plus fluides à une température de 60 degrés. Exposées à l'air pendant plusieurs mois, elles rancissent, mais très lentement. Lorsqu'on les chauffe, elles conservent leur couleur et leur fluidité et perdent de leur poids.

Exp. A. — $2^{gr},428$ de matières grasses retirées des issues ont perdu $0^{gr},067$, soit 2,76 pour 100 après huit jours d'étuve à 100 degrés.

Exp. B. — 5 grammes d'huile de lin dans les mêmes

conditions ont augmenté de $0^{gr},102$, soit $2,04$ pour 100 : l'huile s'est durcie et a pris une teinte très foncée.

II. J'ai avancé, dans un précédent mémoire sur les modifications éprouvées par les farines en vieillissant que les matières grasses ne subissaient pas de modifications sensibles dans leur poids (1). Mes observations portaient sur des farines ayant moins d'un an de mouture : depuis, j'ai constaté que ces matières finissent par disparaître à peu près entièrement.

Des farines de blés des Indes, de blés de Pologne et de blés d'Amérique ayant quinze à dix-sept mois de mouture contiennent seulement $0^{gr},34$ à $0^{gr},40$ pour 100 de matières grasses.

Des farines de blés de Chili et de blés de Californie ayant plus de deux ans de mouture n'en renferment que $0^{gr},10$ à $0^{gr},15$ pour 100.

Ces matières grasses possèdent une odeur forte et désagréable qui rappelle la nicotine.

III. Les matières grasses sont toujours accompagnées d'huiles essentielles que l'on peut toujours saisir assez facilement lorsqu'on chasse, avec précaution, les dernières traces d'éther. En opérant sur de petites quantités et sur des produits non desséchés à l'étuve, ces essences sont plus nettement perçues. Elles ont généralement une odeur agréable de fleur de froment, de pain sortant du four, parfois même de miel. Les germes donnent d'abord une odeur désagréable de féverole ; l'odeur de froment n'apparaît qu'après : elle est plus persistante. Lorsqu'on triture les germes avec de l'eau, on perçoit de suite, et seulement pendant quelques heures, cette odeur de féverole. Quelques farines de blé nouveau la répandent au sortir des meules, mais on ne la retrouve plus après un mois de mouture. D'autre part, lorsqu'on mélange de bonnes farines avec une solution

---

(1) Voir page 67.

de borate ou d'hyposulfite de soude, l'odeur agréable de fleur de froment ne tarde pas à se manifester.

CONCLUSIONS

1. Les divers produits que l'on retire de la mouture du blé contiennent des proportions variables de matières grasses.

2. Ces matières sont moins élevées dans les farines que dans les issues : dans les petits sons et les gros sons de meules, la proportion est la même ; dans les petits sons des cylindres, elle est en plus grande quantité que dans les gros sons : elle atteint le maximum dans les germes.

3. Les farines premières du commerce renferment 0,75 à 1,10 pour 100 de matière grasse, et les farines des manutentions militaires 1 à 1,40 pour 100.

§ IV. — Répartition du ligneux, dans les divers produits des moutures.

J'ai dosé le ligneux suivant les indications de Millon. Le procédé de ce chimiste, modifié comme il suit, m'a paru préférable au traitement par l'acide sulfurique, à 6 équivalents d'eau, conseillé par quelques auteurs.

On pèse 25 grammes de matière qu'on introduit dans un ballon de verre de 2 litres de capacité et l'on y verse 150 centimètres cubes d'une eau acidulée contenant 1 gramme d'acide chlorhydrique fumant pour 20 grammes d'eau. On porte à l'ébullition pendant vingt minutes, puis on jette la liqueur encore chaude sur un filtre sans plis, préalablement mouillé et suffisamment grand pour recevoir tout le contenu du ballon. Le lendemain, le filtre, encore humide, est étalé sur une table et on enlève, avec une spatule en platine, le résidu qu'on reporte dans le même ballon. On ajoute 100 centimètres cubes d'une lessive renfermant 1 gramme de potasse caustique pour 10 grammes d'eau; on chauffe à l'ébullition pendant vingt minutes et on jette, comme précédemment, sur un filtre sans plis tout ce qu'il y a dans le ballon. Lorsque le liquide a passé, on rince le ballon avec de l'eau chaude, on ajoute l'eau de lavage au produit laissé sur le filtre et on continue de laver à l'eau chaude jusqu'à ce qu'il n'y ait plus de trace de saveur lixivielle, et de façon à rassembler tout le résidu au fond du filtre. On laisse égoutter, on lave à nouveau avec quelques centimètres cubes d'alcool fort, et finalement avec un peu d'éther. Le ligneux est alors enlevé, pendant qu'il est encore humide, puis étendu sur une lame de verre tarée, desséché à 100° et pesé (1).

A. — *Blés mélangés (1/3 Californie, 1/3 Indes, 1/3 Nord), récolte de 1883, mouture du 8 mai 1884.*

	LIGNEUX pour 100 de farine.	
	à l'état normal.	à l'état sec.
Farine du 1er broyage..................	0.850	0.974
— des 2e, 3e et 4e broyages.........	0.270	0.310
— du 5e broyage..................	0.446	0.513
— des 1er, 2e et 3e passages des gruaux......................	0.250	0.289
— du 4e passage des gruaux.......	0.375	0.435
— du 5e passage des gruaux........	0.513	0.592
— des 2e, 3e, 4e et 5e broyages et des 1er, 2e, 3e et 4e passages des gruaux.....................	0.350	0.404
Rebulet........................	8.240	9.493
Petit son......................	9.080	10.501
Gros son	10.360	12.071
Germes	4.350	4.982

(1) Voir page 143.

B. — *Blés mélangés (2 Californie, 2 Pologne, 3 Indes, 5 Nord), récolte de 1883, mouture par meules du 13 mai 1884.*

	LIGNEUX pour 100 de farine.	
	à l'état normal.	à l'état sec.
Farine de premier jet................	0.210	0.240
— des gruaux blancs	0.310	0.355
— des petits gruaux blancs........	0.260	0.296
— des gruaux bis (sassés et broyés aux cylindres)..............	0.165	0.189
— de tous les passages réunis	0.225	0.258
Rebulet ....·.....	4.250	4.890
Son.................................	9.410	10.863

C. — *Farines de cylindres, premières marques.*

	LIGNEUX pour 100.
Farine de Budapest, mouture de 1884...	0.190
— de Cambrai (1/4 Californie, 3/4 Nord), 1883.................	0.115
— de Cambrai (Indes), 1883........	0.255
— — (Indes, Kurraché), 1884	0.237
— — (1/3 Amérique et Pologne, 2/3 Nord), 1883........	0.140
— de Manchester, 1882.............	0.110
— de Belgique, 1882................	0.120

D. — *Farines de meules, premières marques.*

	LIGNEUX pour 100.
Blés mélangés (1/5 Californie, 1/5 Amérique roux et Pologne, 3/5 Nord), mouture de 1883	0.180
— mélangés (1/3 Indes, 2/3 Nord), 1883.........................	0.350
— mélangés (1/4 Indes, 1/4 Amérique, 1/2 Nord), 1884	0.185
Blé de Californie, 1882	0.310
— du Chili, 1882....................	0.200

E. — *Farines tendres des manutentions militaires blutées à 20 pour 100.*

	LIGNEUX pour 100.
Blé roux d'Amérique,. mouture de 1882..	0.850
— — — 1883..	0.598
Blé de Pologne, 1883..................	0.525
— — 1884..................	0.545
Blé de Varna, 1884	0.775

F. — *Farines dures des manutentions militaires blutées à 12 pour 100.*

	LIGNEUX pour 100.
Blé des Indes, mouture de 1882	0.925
— — 1883	0.570
— — mars 1884...	0.715
— — mai 1884	0.630

OBSERVATIONS

Lorsqu'on chauffe la farine avec l'acide chlorhydrique à 1/20 en vue d'en retirer le ligneux, on observe que la masse s'épaissit, puis se fluidifie peu à peu en se boursouflant : l'amidon se transforme d'abord en empois et disparaît en entier, comme on peut le constater à l'aide de l'eau iodée. Le produit laissé par la solution chlorhydrique représente, après dessiccation, 10 à 12 pour 100 du poids de la farine : il est constitué par le ligneux et la matière azotée. Celle-ci se dissout rapidement à chaud dans la potasse à 1/10 en produisant plus ou moins de mousse. Elle ne précipite qu'en partie de cette solution lorsqu'on y verse un excès d'acide chlorhydrique, et la partie précipitée (environ le tiers) recueillie sur filtre est soluble dans l'alcool.

Le ligneux doit être bien lavé à l'eau, à l'alcool et à l'éther, car il a une certaine tendance à retenir les sels et la matière grasse. Il est généralement grisàtre pour les farines et plus ou moins brun pour les issues ; il brûle rapidement en ne laissant que des traces de cendres. Ce moyen de contrôle ne doit pas être négligé.

CONCLUSIONS

I. Le ligneux est en moins forte proportion dans les farines que dans les issues ; il est en moins forte proportion dans les farines de cylindres que dans les farines de meules ; il est en plus forte proportion dans les issues des cylindres que dans les issues des meules : le maximum se trouve dans les gros sons.

II. Les farines premières du commerce renferment 0,11 à 0,35 pour 100 de ligneux et les farines des manutentions militaires 0,50 à 0,90 pour 100.

§ V. — Répartition de l'acidité dans les divers produits des moutures.

L'acidité représentée en acide sulfurique monohydraté (SO^3HO) a été obtenue en mettant dans un flacon bouché à l'émeri 10 grammes de produit et 30 à 50 centimètres cubes d'alcool à 90°, suivant que l'on a opéré sur les farines ou les issues. On a agité fréquemment pendant douze heures, on a laissé reposer pendant le même temps, puis on a prélevé, à l'aide d'une pipette, 10 centimètres cubes de l'alcool surnageant. On a dosé l'acide dans ces 10 centimètres cubes en versant goutte à goutte, à l'aide d'une burette de 5 à 6 millimètres de diamètre graduée en dixièmes de centimètre cube, une solution de soude au millième rigoureusement titrée. La limite de la réaction a été saisie avec le papier de curcuma, *récemment préparé*. On a opéré comparativement sur 10 centimètres cubes du même alcool n'ayant point subi le contact de la farine, afin de déterminer la quantité de soude nécessaire pour produire la même réaction sur le curcuma. On a ramené par le calcul à 100 parties en tenant compte de cette faible quantité.

Lorsqu'on prolonge le contact avec l'alcool au delà de vingt-quatre heures, les résultats restent les mêmes (1).

A. — *Blés mélangés (1/3 Californie, 1/3 Indes, 1/3 Nord), récolte de 1883, mouture par cylindres du 8 mai 1884.*

27 mai.	ACIDITÉ pour 100 de farine	
	à l'état normal.	à l'état sec.
Farine du 1er broyage....................	0.031	0.035
— des 2e, 3e et 4e broyages mélangés..	0.027	0.031
— du 5e broyage.....................	0.045	0.051
— des 1er, 2e et 3e passages des gruaux.	0.021	0.024
— du 4e passage des gruaux...........	0.023	0.026
— du 5e passage.....................	0.036	0.041
— comprenant le 2e, 3e, 4e et 5e broyages et les 1er, 2e, 3e et 4e passages des gruaux	0.025	0.028
Rebulet ....:.................	0.146	0.168
Petit son.............................	0.146	0.168
Gros son.............................	0.096	0.111
Germes	0.178	0.203

---

(1) M.-V. PLANCHON, *Sur l'acidité des farines (Journal de pharmacie et de chimie*, octobre 1889) et après lui M. le pharmacien-major WAGNER, *Considérations sur le dosage de l'acidité des farines (Archives de médecine et de pharmacie militaires,* juillet 1890) ont présenté, au sujet du procédé que je préconise, quelques observations que je n'ai pas à discuter ici et qui d'ailleurs ne mettent pas en cause la valeur de ce procédé, employé couramment au laboratoire d'expertises des farines de l'administration de la guerre.

B. — *Blés mélangés (2 Californie, 2 Pologne, 3 Indes, 5 Nord), récolte de 1883, mouture par meules du 13 mai 1884.*

	ACIDITÉ pour 100 de farine	
30 mai.	à l'état normal.	à l'état sec.
Farine de premier jet	0.033	0.037
— des gruaux blancs	0.031	0.035
— des petits gruaux...................	0.034	0.038
— des gruaux bis, sassés et broyés aux cylindres	0.023	0.026
— de tous les passages réunis	0.029	0.033
Rebulet ....:......	0.083	0.095
Son......................................	0.069	0.079

C. — *Produits divers examinés moins de trois mois après la mouture.*

	ACIDITÉ pour 100.
Farine de cylindres de Budapest 1884................	0.023
— — de Cambrai (blé des Indes, 1882)..	0.025
— — — (blé des Indes, 1883)..	0.038
— — — (blés divers mélangés, 1882)	0.015
Farine de meules, première marque (blés mélangés, 1882)	0.025
— — (blés mélangés, 1883)	0.030
Farine tendre des manutentions militaires, blutée à 20 pour 100 (blé de Varna, 1883).................	0.038
Farine tendre des manutentions militaires, blutée à 20 pour 100 (blé roux d'Amérique, 1882)	0.035
Farine tendre des manutentions militaires, blutée à 20 pour 100 (blé roux d'Amérique, 1882)..........	0.040
Farine dure des manutentions, blutée à 12 pour 100 (blé des Indes, 1881)	0.025
Farine dure des manutentions, blutée à 12 pour 100 (blé des Indes, 1882)	0.035
Farine dure des manutentions, blutée à 12 pour 100 (blé des Indes, 1883)	0.035
Farine dure des manutentions, blutée à 12 pour 100 (blé des Indes, 1883)......................	0.023
Rebulet du commerce (cron).....................	0.091
Son du commerce................................	0.106

CONCLUSIONS

1. L'acidité est inégalement répartie dans les divers produits des moutures. Les farines en renferment toujours moins que les issues. Les farines retirées des gruaux en contiennent moins que les farines sur blé; les rebulets et les petits sons plus que les gros sons; le maximum se trouve dans les germes.

2. L'acidité normale des farines représentée en acide sulfurique monohydraté paraît osciller entre $0^{gr},015$ et $0^{gr},040$ pour 100, soit 15 grammes à 40 grammes par quintal métrique. Ces données correspondent à des farines provenant de blés sains et ayant moins de trois mois de mouture. J'ai montré que, en dehors de ces conditions (lorsque le blé est germé ou lorsque la farine est ancienne), l'acidité peut s'élever à 120 grammes (1).

§ VI. — Répartition des matières sucrées dans les divers produits des moutures.

Pour apprécier la proportion des matières sucrées on a mis dans un flacon bouché à l'émeri 20 grammes de produit et 100 centimètres cubes d'eau froide; on a agité fréquemment pendant six heures, puis dans l'eau décantée et filtrée, on a titré le sucre avec la liqueur cupro-potassique. En se plaçant dans les mêmes conditions d'expérience, on a des données fort comparables.

Lorsqu'on laisse le contact avec l'eau pendant vingt-quatre heures, les résultats se trouvent accrus d'environ un tiers pour les farines et du double pour les issues.

La densité de la solution aqueuse prise avec un densimètre très sensible a toujours été en rapport constant avec les données fournies par la solution cuprique.

---

(1) Voir pages 67 et 151.

A. — *Blés mélangés (1/3 Californie, 1/3 Indes, 1/3 Nord), récolte de 1883, mouture par cylindres du 8 mai 1884.*

	SUCRE pour 100 de farine	
23 mai.	à l'état normal.	à l'état sec.
Farine du 1er broyage	0.86	0.98
— des 2e, 3e et 4e broyages mélangés	0.79	0.90
— du 5e broyage	0.74	0.85
— des 1er, 2e et 3e passages des gruaux	0.75	0.86
— du 4e passage des gruaux	1.10	1.27
— du 5e passage	1.65	1.91
Farine comprenant les 2e, 3e, 4e et 5e broyages et les 1er, 2e, 3e et 4e passages des gruaux	0.92	1.06
Rebulet	2.50	2.88
Petit son	3.27	3.78
Gros son	2.75	3.20
Germes	(1)	»

B. — *Blés mélangés (2 Californie, 2 Pologne, 3 Indes, 5 Nord), récolte de 1883, mouture par meules du 13 mai 1884.*

	SUCRE pour 100 de farine	
29 mai.	à l'état normal.	à l'état sec.
Farine de premier jet	1.20	1.37
— des gruaux blancs	0.96	1.10
— des petits gruaux	1.24	1.41
— des gruaux bis, sassés et broyés aux cylindres	1.10	1.26
— de tous les passages réunis	1.21	1.38
Rebulet	2.29	2.64
Son	2.45	2.81

---

(1) En présence de l'eau, les germes donnent une émulsion blanche, persistante, qui passe à travers le filtre. Le dosage du sucre est incertain, mais il ne paraît pas dépasser 2 pour 100.

C. — Produits divers examinés moins de trois mois après la mouture.

	SUCRE pour 100.
Farine de cylindres de Budapest 1881...............	1.28
— — de Cambrai (blé des Indes, 1882)..	0.82
— — — (blé des Indes, 1883)..	1.06
— — — (blés divers mélangés. 1882)..............	1.12
Farine de meules, première marque (blés mélangés 1882)	1.04
— — (blés mélangés 1883)	1.05
Farine tendre des manutentions militaires, blutée à 20 pour 100 (blé de Varna, 1883).................	1.19
Farine tendre des manutentions militaires. blutée à 20 pour 100 (blé roux d'Amérique, 1882)..........	1.25
Farine tendre des manutentions militaires, blutée à 20 pour 100 (blé roux d'Amérique, 1882)..........	1.65
Farine dure des manutentions, blutée à 12 pour 100 (blé des Indes, 1881)............................	2.10
Farine dure des manutentions, blutée à 12 pour 100 (blé des Indes, 1882)............................	2.18
Farine dure des manutentions, blutée à 12 pour 100 (blé des Indes, 1883)............................	1.99
Farine dure des manutentions, blutée à 12 pour 100 (blé des Indes, 1883)............................	1.66

CONCLUSIONS

Les matières sucrées sont en plus forte proportion dans les issues que dans les farines. Dans les farines de mouture récente elles atteignent, suivant le taux du blutage, 0^{gr},80 à 2^{gr},20 pour 100.

§ VII. — Répartition du gluten dans les divers produits des moutures.

On sait combien il importe (1), pour le dosage du gluten

---

(1) Voir page 68.

humide, de se placer dans les mêmes conditions d'expérience : on a fait une pâte très homogène avec 25 grammes de farine et 10 centimètres cubes d'eau froide, on a laissé au repos pendant vingt-cinq minutes, puis on a procédé au lavage direct à la main en se plaçant sous un mince filet d'eau et au-dessus d'un tamis à mailles serrées pour éviter toute perte de gluten. On a pesé, après expression, dès que l'eau de lavage s'écoulait claire et limpide.

En opérant ainsi pour les rebulets, les petits sons et les gros sons, on ne peut en retirer le gluten. Les résultats que je donne, bien qu'ils soient approximatifs et ne représentent point la totalité du gluten, ont été obtenus en associant à ces produits un poids déterminé de gluten humide récemment préparé et bien lavé. On a procédé à l'extraction comme précédemment, et l'on a retranché du poids total la quantité de gluten ajouté.

A. — *Blés mélangés (1/3 Californie, 1/3 Indes, 1/3 Nord). récolte de 1883, mouture du 8 mai 1884.*

	GLUTEN pour 100 de farine	
	à l'état normal.	à l'état sec.
Juin.		
Farine du 1er broyage	26.5	30.3
— des 2º, 3º et 4º broyages	32.5	37.3
— du 5º broyage	45.0	51.8
— du 1er, 2º et 3º passages des gruaux.	28.5	33.0
— du 4º passage des gruaux	30.5	35.3
— du 5º passage des gruaux	31.5	36.5
— des 2º, 3º, 4º et 5º broyages et des 1er, 2º, 3º et 4º passages des gruaux	29.5	34.0
Rebulet	18.5	21.3
Petit son	13.0	15.0
Gros son	10.0	11.6

B. — *Blés mélangés (2 Californie, 2 Pologne, 3 Indes, 5 Nord), récolte de 1883, mouture par meules du 13 mai 1884.*

	GLUTEN pour 100 de farine	
	à l'état normal.	à l'état sec.
Juin.		
Farine de premier jet.....................	28.5	32.6
— des gruaux blancs.................	32.5	37.3
— des petits gruaux blancs...........	31.5	39.3
— des gruaux bis (sassés et broyés aux cylindres)....................	32.0	36.6
— de tous les passages réunis.........	32.0	36.7
Rebulet........................... ...	18.0	20.7
Son....................................	15.0	17.2

C. — *Farines de cylindres, premières marques* (1).

	GLUTEN pour 100.
Farine de Budapest, mouture de 1884................	28.0
— de Cambrai (1/4 Californie, 3/4 Nord), 1883.....	30.0
— — (Indes), 1883.....................	35.0
— — (Indes, Kurraché), 1884	24.0
— — (1/3 Amérique et Pologne, 2/3 Nord), 1883.:.......................	28.0

D. — *Farines de meules, premières marques.*

	GLUTEN pour 100.
Blés mélangés (1/5 Californie, 1/5 Amérique roux et Pologne, 3/5 Nord), mouture de 1883	26.0
Blés mélangés (1/3 Indes, 2/3 Nord), 1883..............	32.0
Blés mélangés (1/4 Indes, 1/4 Amérique, 1/2 Nord), 1884.	27.0

---

(1) Pour ces farines et celles qui suivent, le gluten a été obtenu moins de trois mois après la mouture.

E. — *Farines tendres des manutentions militaires blutées à 20 pour 100.*

	GLUTEN pour 100.
Blé roux d'Amérique, monture de 1882...	32.0
— — — de 1883...	30.5
Blé de Pologne. 1883	31.1
— — 1884....................	29.5
Blé de Varna. 1884....................	32.0

F. — *Farines dures des manutentions militaires blutées à 12 pour 100.*

	GLUTEN pour 100.
Blé des Indes, monture de 1882..........	39.5
— — 1883........,....	42.0
— — mars 1884.....	30.0
— — mai 1884......	38.0

OBSERVATIONS

I. Le gluten retient de la matière grasse, des sels et du ligneux.

Exp. A. — $5^{gr},6$ de gluten sec ont donné $0^{gr},167$ de matière grasse, soit $2^{gr},98$ pour 100 ; la farine desséchée employée à sa préparation en donnait $0^{gr},91$ pour 100.

Exp. B. — De 100 grammes de gluten sec on a retiré $0^{gr},92$ de ligneux, et de 100 grammes de farine de même provenance $0^{gr},270$.

Exp. C. — $1^{gr},76$ de gluten a laissé par incinération $0^{gr},015$ de cendres, soit $0^{gr},85$ pour 100 ; la farine desséchée en laissait $0^{gr},68$ pour 100.

Ces résultats sont confirmés par les trois analyses qui suivent. La première est celle d'un gluten en plaque préparé par moi, il y a un an, avec des farines des manutentions militaires ; la seconde se rapporte à un gluten également en plaque, préparé plus récemment, et la troisième à une farine pour pain de gluten : ces deux derniers produits proviennent de la fabrique de M. de Gand, de Cambrai.

	I	II	III
Eau	8.47	8.35	9.84
Amidon (1)	2.48	4.50	11.75
Matière grasse	3.68	2.80	2.94
Ligneux	1.91	0.90	0.71
Cendres	1.25	0.90	1.00
Gluten (par différence)	82.21	82.55	73.76
	100.00	100.00	100.00

Il résulte de ces analyses que 10 grammes de gluten sec contiennent approximativement $0^{gr},30$ de matière grasse, $0^{gr},10$ de ligneux et $0^{gr},10$ de cendres. Si l'on suppose ces 10 grammes de gluten produits par 100 grammes de farine renfermant $0^{gr},90$ de matière grasse, $0^{gr},30$ de ligneux et $0^{gr},65$ de cendres, on voit que le gluten retient moins de matière grasse qu'on ne l'admet généralement : il ne retiendrait que le tiers de la matière grasse et du ligneux et le sixième seulement des matières salines.

On remarquera, de plus, combien le gluten est doué d'hygroscopicité, car les produits examinés avaient été parfaitement déshydratés au moment de leur préparation. J'ai constaté d'autre part qu'une plaque de gluten bien desséchée pouvait absorber, pendant une série de jours très humides, jusqu'à 21 pour 100 d'eau.

II. Si l'on se reporte aux analyses précitées de la commission des farines Neuf-marques de Paris, et si l'on établit la moyenne du gluten comme on l'a fait pour l'eau, on a, pour chaque mois de l'année 1883 :

---

(1) L'amidon a été calculé d'après la quantité de glucose trouvée dans la liqueur acide employée au dosage du ligneux.

	GLUTEN HUMIDE pour 100 (moyenne) gr.	GLUTEN HUMIDE pour 100 (maximum) gr.	GLUTEN HUMIDE pour 100 (minimum) gr.
Janvier	23.63	25.35	22.60
Février	23.63	25.35	22.00
Mars	23.47	25.60	23.00
Avril	24.57	26.50	22.60
Mai	23.95	26.80	22.60
Juin	24.80	27.15	23.10
Juillet	24.97	27.60	23.40
Août	25.15	27.10	23.25
Septembre	26.50	30.60	23.70
Octobre	26.80	28.35	23.80
Novembre	26.58	28.50	24.30
Décembre	26.32	28.30	25.50

D'après ce tableau, la moyenne annuelle pour 1883 est de 25^{gr},04, avec un maximum de 30^{gr},60 et un minimum de 22 grammes : l'écart est, par suite, de 8^{gr},60.

En 1882, l'écart a été de 12^{gr},70, avec un maximum de 32^{gr},80 en août et un minimum de 20^{gr},10 en février.

CONCLUSIONS

1. Le gluten, de même que le ligneux et la matière grasse, est inégalement réparti dans les divers produits des moutures.

2. Dans les farines premières du commerce, la moyenne du gluten est de 25 pour 100, le minimum est de 22 pour 100 et le maximum de 35 pour 100.

Les farines des manutentions militaires en renferment de 30 à 42 pour 100.

§ VIII. — Conclusions générales.

1. Lorsqu'on fait une coupe d'un grain de blé suivant le sillon qui le traverse dans sa longueur, on aperçoit un épisperme assez mince, formé de plusieurs membranes superposées, une amande farineuse très développée, et, vers le bas, un tout petit embryon.

Chacune de ces parties présente une composition chimique différente.

L'amande renferme l'amidon et le gluten ; l'amidon y occupe surtout la portion centrale et va en décroissant à mesure qu'on se rapproche de l'enveloppe extérieure, tandis que le gluten suit une marche inverse.

L'embryon est particulièrement riche en matières grasses et en matières minérales ; l'épisperme fournit du ligneux, de la matière grasse, des sels minéraux, et, en plus faible quantité, de la matière colorante et des principes aromatiques (1).

Par le fait de la mouture, tous ces principes sont plus ou moins mélangés et passent finalement dans les issues et dans les farines, où on les retrouve en proportions qui varient suivant que l'on a recours aux cylindres ou aux meules.

2. La mouture par cylindres donne des farines généralement plus pauvres en ligneux, en matières grasses et en matières salines que la mouture par meules ; ces matières, par contre, sont en plus grande quantité dans les issues des cylindres que dans les issues des meules.

La mouture par cylindres donne en moyenne :

	Pour 100 de farine.	Pour 100 d'issues.
Eau	14	14
Cendres	0.30 à 0.50	4 à 6
Acidité	0.015 à 0.025	0.090 à 0.150
Sucre	0.95	2.9
Ligneux	0.110 à 0.250	8 à 11
Matières grasses	0.85	2 à 4
Gluten humide	25 à 27	»

(1) D'après M. Lucas, l'essence odorante qui communique aux farines leur bouquet résiderait surtout dans l'embryon. — Aimé GIRARD, *Mémoire sur la composition chimique et la valeur alimentaire des diverses parties du grain de froment* (*Comptes rendus*, 7 juillet 1884).

La mouture par meules donne en moyenne :

	Pour 100 de farine.	Pour 100 d'issues.
Eau	14	14
Cendres.............	0.50 à 0.75	2.5 à 5.5
Acidité.............	0.020 à 0.035	0.070 à 0.110
Sucre...............	1.00	2.5
Ligneux.............	0.180 à 0.350	4.5 à 9.5
Matières grasses......	0.95	2.5
Gluten humide	25 à 27	»

Les germes contiennent, en dehors d'autres matières azotées ou non azotées :

	Pour 100.
Eau	12.70
Cendres......................	5.14
Acidité......................	0.178
Ligneux......................	4.35
Matières grasses.............	11.20

3. La relation qui existe entre les matières salines, l'acidité, le sucre, le ligneux et les matières grasses et aromatiques est manifeste. C'est par l'embryon et l'épisperme, qui sont, comme on le sait, plus intimement attaqués par les meules que par les cylindres, que ces divers facteurs passent dans les farines. L'acidité et le sucre se rattachent plus directement aux ferments localisés dans les membranes qui entourent l'embryon.

4. Dans les deux systèmes de mouture, le rendement en farines est le même ; il est en moyenne de 75 pour 100 de blé nettoyé. Il reste donc avec les issues environ 10 pour 100 de gruaux, car les enveloppes du blé n'atteignent que 15 pour 100.

Si l'on considère les progrès accomplis dans la meunerie pendant ces dernières années, ce rendement ne paraît guère devoir être dépassé.

5. Les meules produisent deux sortes de farines, différentes par leur teinte mais assez rapprochées par leur composition chimique.

Avec les cylindres, on peut retirer d'un même blé jusqu'à dix variétés de farines ; il suffit de recueillir séparément les divers passages : on peut même aller au delà, en combinant tous ces passages. Les variétés ainsi obtenues sont très différentes ; à côté de farines relativement pauvres en matières azotées, mais d'une blancheur parfaite, on a des farines plus ou moins colorées, mais extrêmement riches en matières nutritives et particulièrement propres aux fabriques de gluten.

6. Dans un récent mémoire sur la valeur alimentaire du grain de froment, M. Aimé Girard (1) admet que l'on ne doit utiliser pour la panification que l'amande farineuse, et rejeter d'une façon absolue l'enveloppe et l'embryon.

L'enveloppe du grain de blé, contrairement à l'avis de quelques observateurs, n'apporte presque rien à l'alimentation ; les expériences de M. Aimé Girard sont décisives : il y a intérêt à l'écarter. Mais en est-il de même de l'embryon ? On a vu qu'il ne renferme pas moins de 11^{gr},20 pour 100 de matières grasses, et de 5^{gr},14 pour 100 de cendres. En admettant, avec M. Aimé Girard, qu'il représente 1,43 pour 100 du poids du

---

(1) D'après M. Aimé Girard, *loco citato*, le grain de froment doit, en moyenne, être considéré comme formé de :

Enveloppe	14.36
Germe	1.43
Amande farineuse	84.21
	100.00

L'enveloppe renfermerait :

Matières azotées	18.75	pour 100.
— grasses	5.60	—
— minérales	4.68	—

Et le germe :

Matières azotées	42.5	pour 100.
— grasses	12.5	—
— minérales	5.3	—

grain et qu'il contienne 42,50 pour 100 de matières azotées, la ration journalière du soldat (1) se trouverait augmentée, par l'apport seul de l'embryon, d'environ 3 grammes de matières azotées, 1 gramme de matières grasses, et $0^{gr},40$ de matières salines.

Ce dernier chiffre, qui correspond à 12 grammes par mois, est particulièrement éloquent, si l'on songe que ces matières salines sont presque entièrement constituées par des phosphates très assimilables.

Les matières grasses, il est vrai, sont altérables, mais moins rapidement qu'on ne le suppose. Ce ne sont pas elles qui favorisent le plus le développement des ferments contenus dans les farines ; la principale cause de l'altération vient de la pratique du mouillage.

L'élimination de l'embryon aurait pour effet non seulement de priver les farines d'une grande partie de leurs phosphates, mais encore de leur enlever la souplesse et l'arome apportés par les matières grasses.

Si l'on peut admettre cette élimination pour certaines farines destinées au pain de luxe, je ne pense pas qu'on puisse la conseiller d'une manière générale (2).

On a aujourd'hui beaucoup trop de tendance à tout sacrifier à la blancheur ; de là le mouillage exagéré du blé avant de le livrer à la mouture ; de là l'entraînement vers les cylindres, qui donnent des farines extrêmement blanches, mais incontestablement moins complètes que les meules. Pour les farines destinées au pain ordinaire, il y aurait lieu de réagir contre cette tendance extrême.

Les deux modes de mouture ont leurs avantages ; je crois qu'on pourrait les associer très utilement.

---

(1) 750 grammes pour *pain de repas* et 250 grammes pour *pain de soupe.*

(2) « Le pain normal, le vrai pain de l'avenir, comme l'a dit excellemment Mège-Mouriès, sera celui qui contient *tous les agents assimilables* du grain de blé. » MÈGE-MOURIÈS, *Du froment et du pain de froment au point de vue de la santé publique* (*Journal de pharmacie et de chimie*, 1860).

Je crois aussi que l'emploi des sasseurs, trop peu répandu en France, aurait pour résultats de donner plus de blancheur aux farines de meules et, jusqu'à un certain point, de supprimer les farines secondes.

Leur introduction dans les meuneries militaires réaliserait également un grand progrès, en faisant passer des issues dans la farine une certaine quantité de gruaux et, inversement, de la farine dans les issues une quantité à peu près équivalente de matières inertes.

(*Journal de pharmacie et de chimie*, 5e série, t. IX et X, 1884-1885).

Note sur une falsification de farines.

Des placeurs, agissant au compte d'une maison étrangère, offrent depuis quelque temps aux minotiers du Nord une poudre destinée à être mélangée aux farines dans la proportion de 1 à 1,5 pour 100. Cette poudre est lourde, blanche, très fine, sans odeur ; elle croque légèrement sous la dent et laisse une saveur crayeuse. Elle est neutre au tournesol. L'eau et les acides affaiblis la modifient peu. A l'étuve à 100° elle perd 15 pour 100 et par calcination 20,8 : le résidu de la calcination reste neutre et se prend en masse solide par addition d'un peu d'eau.

Sa composition centésimale est la suivante :

Chaux	31.9
Acide sulfurique	47.3
Eau	20.8

Elle correspond à la formule du sulfate de chaux naturel $SO^3.CaO, 2HO$ (gypse cristallisé).

Ce produit étant offert à raison de 5 francs les 100 kilogrammes, il en résulte qu'un meunier qui se laisserait aller à cette addition frauduleuse réaliserait un gain illicite de 30 à 40 centimes par sac de froment, soit environ 100 francs par jour pour une usine produisant journellement 300 sacs.

La fraude peut échapper à l'expert non prévenu, car,

à la dose de 1 pour 100, le résidu laissé par l'incinération de la farine ne serait augmenté que de 0^{gr},792 et l'on sait que ce résidu varie suivant les auteurs.

La farine de froment laisserait, en effet, 1,70 pour 100 de cendres, d'après Poggiale ; 1,02 d'après Millon et seulement 0,80 d'après Louyet.

Aujourd'hui que les procédés de mouture par cylindres et par meules se sont perfectionnés, ce dernier chiffre est même trop fort, du moins pour les premières marques du commerce ; ces farines donnent générale- de 0,40 à 0,60 (1). Lorsque le taux de blutage est moins élevé, la proportion des cendres augmente, et c'est en partie à ce fait qu'il faut attribuer les écarts signalés par divers chimistes.

Dans les cendres du blé, on retrouve principalement de l'acide phosphorique, de la potasse et de la magnésie (2) ; il n'y a que fort peu de chaux et des traces seulement d'acide sulfurique. En vue de la fraude signalée plus haut, l'expert aura donc à rechercher ces deux corps lorsque le poids des cendres laissées par l'incinération d'une farine dépassera sensiblement 0,60 pour 100.

(*Journal de pharmacie et de chimie*, 5e série, t. IX, 1884.)

---

(1) Voir page 97.

(2) D'après M. Péligot, la composition des cendres du blé est la suivante :

Acide phosphorique	49.00
Potasse	30.70
Magnésie	16.20
Chaux	3.00
Oxyde de fer	1.10
TOTAL	100.00

Note sur la présence d'alcaloïdes dans les anciennes farines.

Lorsqu'on suit pendant plusieurs années les transformations qu'éprouvent les farines conservées en sacs, on voit apparaître, au bout d'un certain temps, des traces d'alcaloïdes, puis, plus tard, des quantités de plus en plus appréciables.

Pour les mettre en évidence, on épuise, dans un appareil à déplacement, les farines *non desséchées*, par l'éther sulfurique. Le produit éthéré, évaporé à siccité au bain-marie, est constitué par de la matière grasse ; il est acide et répand, surtout avec les farines très anciennes, une odeur pénétrante et désagréable ; il laisse à la bouche une grande âcreté. On traite ce produit par une faible quantité d'eau distillée chaude, on laisse pendant quelques minutes au bain-marie et, dans l'eau refroidie et décantée, on peut caractériser nettement, sur des lames de verre, la présence des alcaloïdes par les réactifs appropriés (iodure double de mercure et de potassium, iodure ioduré de potassium, ferrocyanure de potassium et perchlorure de fer).

Les réactions sont déjà sensibles avec des farines d'un an à dix-huit mois de mouture ; avec des farines de deux à trois ans elles sont très accusées. Les extraits que l'on obtient dans ce cas, mélangés avec de la farine et de l'eau, de manière à former de petits pâtons pouvant être donnés facilement à des moineaux, les font périr en quelques heures avec tous les symptômes d'un empoisonnement.

Les mêmes essais répétés comparativement avec des extraits de farines récentes ne produisent rien de semblable.

Tout incomplètes que sont ces recherches, que j'ai dû interrompre depuis peu, elles me semblent expliquer certains accidents rapportés dans les histoires médicales de nos anciennes guerres et attribués en partie à l'usage de pain défectueux. Elles justifient les paroles suivantes de Parmentier : « On ne saurait calculer les effets dangereux qui peuvent résulter de la détérioration lente des farines (1). »

Quant à la production de ces alcaloïdes, je la rattache, comme autrefois la présence de l'acidité dans les vieilles farines, à la transformation du gluten sous l'influence du ferment naturel du blé.

(*Journal de pharmacie et de chimie*, 5e série, t. XII, 1885.)

---

(1) Parmentier, *Rapport sur le pain des troupes*, lu à l'Institut le 21 brumaire an V.

Note sur l'Ephestia Kuchniella.

L'*Ephestia Kuehniella* vient de faire son apparition dans l'un des principaux magasins à farine de la ville d'Amiens. Cet insecte, qui paraît avoir été importé d'Amérique (1) en Europe, a été signalé pour la première fois en Allemagne, par M. Zeller, en 1879. Depuis, on l'a observé en quelques points du midi de la France et plus récemment à Nantes, dans les bâtiments affectés au Service des subsistances militaires.

Les indications qui suivent, empruntées à M. Kunckel d'Herculais, aide-naturaliste au Museum (2), permettent de reconnaître facilement cette nouvelle teigne, contre laquelle les détenteurs de farines ne sauraient trop se mettre en garde par une surveillance très active.

Les chenilles, comme toutes les larves qui vivent à l'abri de la lumière, sont blanches avec la tête brune et une plaque anale de même couleur; leur maximum de taille atteint environ 1 centimètre. Elles sillonnent la farine de galeries tubulaires qu'elles tapissent de soie blanche, à la façon des teignes qui vivent dans les gâteaux des abeilles. Les galeries sont si rapprochées et si nombreuses que la farine semble enchevêtrée de toiles d'araignée.

---

(1) L'origine américaine de l'*Ephestia Kuehniella* a été récemment mise en doute par M. Danisz (*Comptes rendus de l'Académie des sciences,* 30 janvier 1893.)

(2) KUNCKEL D'HERCULAIS, *Une nouvelle teigne de la farine* (*Science et Nature,* vol. II, n° 50, 1884.)

Lorsque vient l'heure de la métamorphose, ces chenilles se tissent un petit cocon de soie blanche dans lequel elles se transforment en une minuscule chrysalide aux teintes fauves. C'est après la saison d'hivernage, en avril et mai, que s'opère cette transformation : les papillons éclosent dans le courant du mois de mai. La ponte faite, la nouvelle génération de chenilles effectue son évolution en juin et juillet et donne une seconde génération en novembre et décembre. Si les conditions climatologiques sont favorables, une éclosion précoce a lieu en décembre ; mais en général les chenilles hivernent.

Le papillon, dans son plus grand développement, peut mesurer 20 à 25 millimètres ; il a les ailes supérieures et le corps d'un ton général gris cendré produit par le contraste d'écailles grises, entremêlées d'écailles noires et d'écailles d'un beau blanc nacré. A la loupe, sur les ailes supérieures, vers le premier quart, se dessine une fascie noire et grise sinueuse et transversale ; vers le second quart, se montre une seconde fascie moins accusée ; enfin, vers l'extrémité et partant obliquement du bord supérieur se trouvent deux raies noires, courtes et étroites, séparées par une raie blanche, au-dessous desquelles apparaissent trois très petites lignes noires ; en dehors de la frange, qui est cendrée, il existe une ligne crénelée dont les créneaux sont alternativement noirs ou blancs. Les ailes inférieures sont blanches avec les bords et les nervures d'un gris pâle ; elles sont ornées d'une frange blanche assez longue.

M. Kunckel estime que les farines envahies par l'Ephestia Kuehniella peuvent subir des pertes de 30 et 40 pour 100. A Amiens, les dégâts jusqu'à ce jour sont à peu près nuls ; les farines ont deux mois de mouture : elles sont livrées à la consommation. Dans le courant de l'année dernière, j'ai observé, à la manutention militaire de Cambrai, une invasion beaucoup plus soudaine et beaucoup plus intense; les farines étaient plus anciennes que celles d'Amiens : elles ont été utilisées de suite, après un tamisage approprié, et les pertes ont été loin d'atteindre les chiffres indiqués plus haut.

(*Journal de pharmacie et de chimie,* 5e série, t. XIII, 1886.)

Les farines de cylindres et les farines de meules.

Le grain de blé soumis à l'analyse donne de l'eau,
de l'amidon, de la dextrine, du gluten, des matières azotées solubles, des matières grasses et aromatiques, de
la cellulose et des sels.

L'eau est à peu près également répartie dans les diverses parties du grain, mais il n'en est pas de même
des autres principes.

Le centre, qui se distingue par une plus grande blancheur, est principalement constitué par l'amidon ; le
gluten s'y trouve aussi, mais en bien moindre proportion que dans les couches plus colorées qui avoisinent
l'enveloppe extérieure.

La dextrine et les matières azotées solubles apparaissent, en petite quantité d'ailleurs, comme des produits
de transformation de l'amidon et du gluten, les deux
principes alimentaires par excellence des farines.

Les matières grasses et aromatiques, ainsi que les
sels, représentés surtout par des phosphates dont le rôle
physiologique est bien connu, sont localisés en partie
dans l'embryon et les tissus qui l'entourent, et en partie
dans l'enveloppe extérieure du blé, qui contient en plus
la cellulose. Comme cette enveloppe, après la mouture,
passe presque entièrement dans les sons, on voit de
suite le rôle important que joue l'embryon et l'intérêt
qu'il y a de le conserver ; c'est lui, en définitive, qui

fournit aux farines leurs phosphates et leur donne leur souplesse et leur arome.

Quant à l'enveloppe extérieure, voici ce qu'en dit Parmentier, en traitant du son : « Loin de changer, comme les autres parties du grain, de forme et de nature, dans toutes les opérations qu'il subit avant de servir d'aliment, le son demeure constamment le même. C'est du son dans le blé et la farine, c'est du son dans le levain et la pâte ; c'est du son dans le pain et dans l'estomac, c'est du son dans les entrailles et dans les déjections : partout il jouit de ses propriétés..... il fait du poids et non du pain (1). »

Il écrit d'autre part : « Sous le nom de son, j'ai en vue l'écorce extérieure du blé, ce parenchyme ligneux, ce parchemin fibreux qui sert de couverture et d'enveloppe à la matière farineuse, et, quand j'ai dit que le son n'était pas nutritif, c'est lorsqu'il se trouve dépouillé de la farine, qu'il retient sans cesse obstinément, quelle que soit la mouture d'où il provient et l'espèce de grain auquel il a appartenu (2). »

Ainsi, pour Parmentier, l'enveloppe du grain de blé est sans valeur ; elle doit être rejetée des farines : « L'art du meunier consiste à dérober au grain cette écorce sans la réduire en poudre (3). »

Si, plus tard, Liebig et Millon (4) ont avancé que le son était une substance essentiellement alimentaire, on doit reconnaître que ces habiles chimistes n'avaient pas en vue l'enveloppe seule du blé, mais aussi ces parties

---

(1) PARMENTIER, *Rapport sur le pain des troupes,* lu à l'Institut le 21 brumaire an V.

(2) PARMENTIER, *Expériences et réflexions sur les blés et les farines,* p. 102, Paris, 1776.

(3) PARMENTIER, *Traité sur la fabrication et le commerce du pain,* p. 161. Paris, 1778.

(4) MILLON, *De la proportion d'eau et de ligneux contenue dans le blé et dans ses principaux produits (Annales de chimie et de physique,* 3e série, t. XXVI, 1849).

farineuses, les plus riches en gluten, que, de nos jours, la meunerie est encore impuissante à séparer entièrement.

Les observations de Parmentier ont été confirmées par Poggiale (1) et, plus récemment, par M. Aimé Girard (2), qui a prouvé, par des expériences irréfutables, que l'enveloppe farineuse du blé, privée de tout apport étranger, ne méritait pas d'attirer l'attention des physiologistes et pouvait être représentée par 14,36 pour 100 du poids du grain. La partie du froment réellement utilisable serait dès lors de 85,64 pour 100.

Voyons ce que l'on en retire dans la pratique, et d'abord par les meules.

Avec les pierres meulières, on peut faire, à volonté, la mouture haute ou la mouture basse.

La première, que l'on désigne aussi sous les noms de *mouture ronde* ou de *mouture à gruaux* est l'ancienne mouture française, aujourd'hui de plus en plus délaissée, en raison des frais élevés qu'elle nécessite. Les grains subissent plusieurs passages : les meules, peu rapprochées au premier tour, le sont davantage aux suivants ; les gruaux passent quatre fois. Ce mode de mouture fournit beaucoup de farine de gruaux et peu de farine sur blé ou de premier jet. Ces farines sont justement appréciées, et avant l'introduction des cylindres métalliques elles étaient exclusivement employées par les boulangers à la confection du pain de luxe.

La mouture basse est la plus répandue : on la connaît encore sous les noms de *mouture économique*, *mouture par pression*, *mouture anglaise* ou *mouture américaine*.

---

(1) Poggiale, *Du pain de munition distribué aux troupes des puissances européennes et de la composition chimique du son* (*Mémoires de médecine, de chirurgie et de pharmacie militaires*, 2ᵉ série, t. XII, 1853).

(2) Aimé Girard, *Composition chimique et valeur alimentaire des diverses parties du grain de froment* (*Annales de chimie et de physique*, 6ᵉ série, t. III, 1884).

Elle a été autrefois préconisée par Parmentier, comme étant la moins coûteuse et donnant alors le plus grand rendement. Les meules sont très rapprochées ; les grains ne passent qu'une seule fois et les gruaux deux à trois fois. Il en résulte que l'on obtient beaucoup de farine de premier jet et peu de farine de gruaux. Ces farines, moins blanches que les précédentes, servent à la fabrication du pain ordinaire.

Sous les noms de *mouture mixte*, *mouture bâtarde*, les meuniers entendent une mouture qui tient à la fois de la mouture haute et de la mouture basse et produit des farines de qualités intermédiaires.

Les cylindres métalliques n'ont été accueillis favorablement en France que depuis l'Exposition universelle de Paris de 1878, et déjà la tendance générale est de les substituer aux meules. Partout, dans nos villages, les boulangers demandent de préférence des farines de cylindres, *qui font le pain plus blanc* que les farines de meules. Ces farines s'obtiennent à l'aide de cylindres cannelés en hélice, qui sont en fonte, et à l'aide de cylindres à surface unie, qui sont en acier ou en porcelaine. Les cylindres cannelés, plus connus sous le nom de *broyeurs*, servent à broyer le blé et donnent la farine de premier jet. Par analogie avec ce qui se passe dans la mouture haute, le blé est peu touché au premier passage ; les cylindres, en effet, n'ont que 350 cannelures ; pour le second broyage, les cylindres sont à 400 cannelures ; pour le troisième à 500, et ainsi progressivement jusqu'aux cylindres à 900 cannelures, que l'on trouve dans les usines qui font plus de cinq broyages.

Les cylindres lisses sont employés à transformer les gruaux en farine ; de là le nom de *convertisseurs* qu'on leur donne pour les distinguer des broyeurs. Cette opération, comme celle du broyage, nécessite également au moins cinq passages : c'est pour les derniers passages qu'on utilise de préférence les cylindres en porcelaine.

Les quantités de farine et de son que l'on retire aujour-
d'hui par les modes de mouture dont on vient de parler
sont approximativement les suivantes; elles correspondent à 100 parties de blé nettoyé :

	Mouture par cylindres.	Mouture par meules.	
		Mouture basse.	Mouture haute.
Farine sur blé ou de premier jet..	18 à 20	45 à 50	18 à 20
Farine de gruaux..............	57 à 55	30 à 25	57 à 55
Farine de tous les passages réunis.	75	75	75
Issues (sons) et pertes........	25	25	25

Si l'on se reporte aux expériences de M. Aimé Girard,
on voit que la partie utilisable du grain de froment,
représentée par 85,64 pour 100 lorsqu'on opère au
laboratoire, n'est que de 75 lorsqu'on a recours aux procédés industriels (1). Notons que ce chiffre diffère peu de
celui qui a été donné par Parmentier comme étant le
maximum de farine panifiable que l'on pouvait retirer du
blé. Il reste donc environ 10 pour 100 de matières alibi-
les que les procédés mécaniques les plus perfectionnés
ont été jusqu'à ce jour, et resteront sans doute, impuis-
sants à soustraire à l'enveloppe du blé.

Mais, si les cylindres et les meules donnent les mêmes
quantités de farines, il ne s'ensuit pas que ces farines
aient la même composition chimique. J'ai montré d'autre
part (2), non seulement qu'il y avait entre elles des
écarts sensibles, mais encore que les divers passages
d'une même mouture par cylindres ou par meules donnaient aussi des produits différents.

---

(1) Je tiens de plusieurs observateurs, en particulier de M. Regnault-
Desroziers, vice-président de la Chambre syndicale des grains et farines de Paris, que ce chiffre aujourd'hui ne serait pas toujours atteint.
Les cultures à grand rendement préconisées en ces dernières années
sembleraient favoriser le développement de l'enveloppe du blé au
détriment de l'amande farineuse!

(2) Voir page 119.

Voici, en effet, le résultat des analyses que j'ai faites à ce sujet sur des échantillons provenant des usines de la maison Cornaille-Leroy, de Cambrai. Les données se rapportent à 100 parties de farine.

Mouture par meules.

Mélange de blé de Californie, 2 parties; blé de Pologne, 2 parties; blé des Indes, 3 parties; blé de France, 5 parties (1).

Dans le tableau suivant :

A représente la farine sur blé ou de premier jet : rendement environ 50 pour 100 de blé nettoyé.

B, farine du 1er passage des gruaux (gruaux blancs) : rendement 10 pour 100.

C, farine du 2e passage des gruaux (petits gruaux) : rendement 10 pour 100.

D, farine du 3e passage des gruaux (gruaux *bis*) : rendement 5 pour 100 (2).

E, farine de tous les passages réunis : rendement 75 pour 100.

	EAU.	CENDRES.	ACIDITÉ.	CELLULOSE (ligneux).	MATIÈRES grasses.	GLUTEN humide.
A...........	12.66	0.75	0.033	0.210	1.06	28.50
B...........	12.90	0.62	0.031	0.310	1.20	32.50
C...........	12.40	0.82	0.034	0.260	1.60	31.50
D...........	12.74	0.60	0.023	0.165	1.10	32.00
E...........	12 90	0.73	0.029	0.225	1.09	32.00

(1) Le mélange de plusieurs variétés de froment a pour but de suppléer aux défectuosités de certains blés; c'est ainsi que d'habiles meuniers font entrer jusqu'à douze variétés de blés dans la même farine.

(2) Le 3e passage s'est fait aux cylindres et la farine a été fortement sassée.

Mouture par cylindres.

Mélange de blé de Californie, 1 partie; blé des Indes, 1 partie; blé de France, 1 partie.

Dans le tableau qui suit :

F représente la farine du 1er broyage; rendement environ 1 pour 100 de blé nettoyé.

G, farine des 2e, 3e et 4e broyages mélangés : rendement 15 pour 100.

H, farine du 5e broyage : rendement 3 pour 100.

I, farine des 1er, 2e et 3e passages des gruaux.

J, farine du 4e passage des gruaux : rendement pour les quatre passages 50 pour 100.

K, farine du 5e passage des gruaux : rendement 5 pour 100.

L, farine de tous les passages, moins le 5e des gruaux et le 1er broyage : rendement 68 pour 100.

	EAU.	CENDRES.	ACIDITÉ.	CELLULOSE (ligneux).	MATIÈRES grasses.	GLUTEN humide.
F...........	12.76	0.97	0.031	0.850	0.80	26.50
G...........	13.05	0.55	0.027	0.270	0.80	32.50
H...........	13.18	0.90	0.045	0.446	1.05	45.00
I...........	13.70	0.50	0.021	0.250	0.54	28.50
J...........	13.80	0.55	0.023	0.375	0.62	30.50
K...........	13.74	0.75	0.036	0.513	1.60	31.50
L...........	13.40	0.62	0.025	0.350	0.74	29.50

Il ressort nettement de l'étude de ces tableaux que, si les farines des meules produites par les divers passages présentent une composition assez rapprochée, il n'en est pas de même pour les farines de cylindres. Là, chaque passage fournit une farine différente. La farine du premier broyage, connue sous les noms de *farine bleue* ou *farine noire*, est la plus colorée ; elle est riche en cendres plus siliceuses que phosphatées et doit ses défauts aux poussières qui sont accumulées dans le sillon du grain de blé et que le nettoyage ne peut atteindre. Les farines des derniers passages sont également colorées, mais très riches en phosphates, en matières grasses et en gluten. Les trois premiers passages des gruaux donnent, au contraire, une farine extrêmement blanche, mais relativement pauvre en cendres, en matières grasses et en gluten. Les analyses de farines de cylindres, premières marques, provenant d'Angleterre, de Belgique et notamment de Hongrie, m'ont donné la conviction que ces farines sont le plus souvent exclusivement produites par les premiers passages des gruaux. En France, nos premières marques comprennent généralement tous les passages en dehors des derniers gruaux et du premier broyage.

Les farines ainsi obtenues sont naturellement moins blanches et se rapprochent davantage des farines de meules, tout en ayant toujours moins de phosphates et de matières grasses et aromatiques.

L'écart provient de l'action plus intense de la meule sur l'enveloppe du blé et surtout sur l'embryon, qui, dans la mouture par cylindres, va se perdre dans le son au lieu de se mêler à la farine. Or, on sait que cet embryon peut contenir jusqu'à 12 pour 100 de matières grasses et 5 pour 100 de cendres presque entièrement constituées par des phosphates solubles.

Il est donc reconnu que les farines de meule présentent des qualités que n'ont pas les farines de cylindres (1). Tout récemment, le directeur du mar-

---

(1) Les partisans des cylindres ne partagent pas cette manière de voir ; ils prétendent que l'analyse chimique n'a pas permis d'établir de différences appréciables entre les farines de cylindres et les farines de meules et que la supériorité des premières sur les secondes a été con-

ché des farines Neuf-marques, de Paris, M. Charles

---

sacrée scientifiquement par les analyses de M. Aimé Girard (V. *Revue scientifique*, 7 août 1886, et *Revue de l'intendance*, mai-juin, 1893.) Ces assertions ne sont pas justifiées.

J'ai établi, en effet, à la suite d'expériences livrées au public en 1883 et en 1884, que la mouture par cylindres donne des farines généralement plus pauvres en cendres, en ligneux (cellulose) et en matières grasses ou aromatiques que la mouture par meules. Les tableaux d'analyses publiés par M. Aimé Girard dans les *Comptes rendus de l'Académie des sciences* du 25 août 1884 confirment mes résultats en ce qui concerne les matières salines. « L'identité que présentent dans leur état d'hydratation les farines obtenues d'un même blé entre meules et entre cylindres, écrit le savant professeur, a été également, et à une date récente, signalée par M. Balland, *comme aussi la différence qui existe dans leur teneur en matières minérales.* » Il ne pouvait être question des matières grasses et ligneuses, ces produits n'ayant pas été dosés par M. Aimé Girard. Toutefois, le même auteur ajoute que l'examen microscopique l'a conduit à reconnaître « que les farines fabriquées entre cylindres métalliques ne renferment que des traces de débris d'enveloppes et de germes, alors que les farines produites par la mouture entre meules de pierres en contiennent au contraire des quantités relativement considérables ». Or, il résulte de mes recherches, et c'est d'ailleurs un fait accepté, que c'est précisément dans les parties voisines des enveloppes du blé, et surtout dans les germes, que résident les matières grasses et aromatiques, ainsi que les matières minérales phosphatées, dont le rôle important ne saurait être amoindri.

En réalité, les expériences de M. Aimé Girard prouvent, ce que tout le monde admet, que les farines de cylindres sont plus blanches et plus épurées que les farines de meules ; elles prouvent, de plus, ce que les partisans des cylindres ont contesté, que les mêmes farines provenant, bien entendu, de blés semblables et à extraction égale présentent des différences qui n'échappent pas à l'analyse chimique.

Il est donc démontré scientifiquement que les farines de meules contiennent plus de phosphates assimilables et plus de matières grasses et aromatiques que les farines de cylindres, c'est-à-dire qu'elles sont plus substantielles, plus aromatiques, plus savoureuses ; en un mot, qu'elles sont plus complètes. Si je ne craignais que l'on n'allât au delà de ma pensée, je dirais qu'il y a entre les farines de cylindres et les farines de meules les différences qui existent entre une eau-de-vie fabriquée avec de l'alcool pur et une eau-de-vie de cognac naturelle.

Ces dissemblances dans les farines s'expliquent naturellement par l'action toute différente que les meules et les cylindres exercent sur le grain de blé : les cellules où sont localisés les phosphates, les matières grasses et aromatiques sont déchirées et mises à nu par les meules alors qu'elles ne sont qu'aplaties par les cylindres et vont en majeure partie se perdre dans les sons.

C'est par la meule, avec les perfectionnements incessants (nettoyage, blutage, sassage) qui s'imposent à tout meunier jaloux de son art, ou en associant, comme je l'ai conseillé dès 1844, les cylindres aux meules, mais non avec les cylindres seuls, qu'on obtiendra le pain

Lucas (1), dont la compétence est si étendue, n'a-t-il pas proposé d'ajouter aux farines de cylindres, au moment du pétrissage, une petite quantité d'huile d'amandes douces, « afin de rendre leur panification plus facile et la consommation du pain plus agréable? » Bientôt, sans doute, on proposera d'y ajouter des phosphates — et tout cela pour avoir des farines plus blanches. La blancheur, en meunerie, semble être aujourd'hui le dernier mot du progrès : tout le monde la favorise. Si l'on prend, par exemple, les analyses publiées par la Commission des farines fleur-premières, de Paris, on voit, que la blancheur fait souvent classer au premier rang des farines qui ne devraient point s'y trouver par leur teneur en eau et en gluten.

Je sais combien il est difficile d'assujettir les farines à des données exactes : « Quand il s'agit, dit Parmentier, d'établir une loi sur des questions aussi délicates, l'homme impartial doit tout considérer, tout calculer : le moulin, le meunier, les lieux, l'atmosphère occasionnent des différences notables. En veut-on la preuve ? Il suffit de faire partout la même épreuve avec les mêmes précautions et sur la même espèce de grain pour être assuré qu'elle ne peut convenir qu'à un seul endroit, qu'à un seul temps (2). »

---

nourrissant le plus savoureux, ce pain unique dont j'ai aussi parlé et que M. Aimé Girard, dans une conférence faite à l'Association scientifique de France, le 7 mars 1885, appréciait en ces termes : « De cet amphithéâtre, je veux que vous sortiez convaincus qu'en dehors de ces pains de grand luxe qui sont de véritables gâteaux, gâteaux que je me garde de proscrire, d'ailleurs, il ne doit exister qu'une seule sorte de pain, pain blanc et franc de goût, pain que, par intention, et depuis bien longtemps, on désigne, suivant la façon dont il est travaillé, tantôt sous le nom de pain de ménage, tantôt sous le nom de pain bourgeois. Ce pain doit être le pain de tout le monde. » (Note parue dans la *Revue de l'intendance* de juillet-août 1893.)

(1) Ch. Lucas. *Des effets utiles et nuisibles de la matière grasse dans la farine (Journal de la meunerie*, 15 mai 1885).

(2) Parmentier. *Traité sur la fabrication et le commerce du pain.* Paris, 1778, p. 192.

Il semble, néanmoins, que la commission précitée devrait tenir un plus grand compte de l'eau et surtout du gluten, qui permet, en quelque sorte, de mesurer de suite la valeur nutritive d'une farine.

Par une sage mesure, elle vient de combattre le mouillage exagéré du blé avant la mouture, en décidant que toute farine dépassant 15 pour 100 d'humidité (1) serait refusée; pourquoi ne pas agir de même pour le gluten et exiger un taux minimum ?

L'alimentation générale y gagnerait et l'on ne verrait pas aujourd'hui, dans notre pays, se retirer à tort devant les cylindres ces anciens procédés de mouture qui ont établi autrefois la supériorité des farines françaises.

Je n'ai aucun parti pris contre les cylindres; je reconnais qu'ils sont avantageux pour certains blés durs, et je crois même qu'on pourrait les associer très utilement aux meules, qui donnent des farines plus complètes.

D'autre part, je crois que la mouture par meules fournirait des produits plus blancs si l'on arrivait, par un nettoyage plus intime, à débarrasser entièrement le sillon du grain de blé des impuretés qu'il retient encore, et si l'on soumettait individuellement chaque passage à l'action puissante des sasseurs, trop peu connus en France.

Dans tous les cas, pour les farines destinées au pain ordinaire, il y aura toujours avantage à mélanger les passages. « En dehors de l'enveloppe du grain, dit encore Parmentier (*loco citato*, p. 547), qui a tant approfondi ces questions, toutes les parties que la mouture

---

(1) Le ***Règlement du marché des farines douze-marques,*** actuellement en vigueur, a reporté depuis ce chiffre à 16 pour 100.

Quant au gluten, les farines doivent en avoir au moins autant que le type qui, au classement mensuel, a été avant-dernier comme quantité de gluten.

L'administration militaire exige au minimum 35 pour 100 de gluten pour les blés durs, 29 pour 100 pour les blés mitadins et 26 pour 100 pour les blés tendres.

confond et que la bluterie présente à part sont faites pour aller ensemble. » (1)

Quant aux farines prélevées sur quelques passages seulement et destinées à certaines boulangeries de luxe ou à la pâtisserie, la production devrait en être très restreinte et l'on pourrait en faire une classe à part.

(*Revue scientifique*, 24 juillet 1886.)

---

(1) Un ancien meunier de l'Assistance publique de Paris, César Bucquet, écrivait vers la même époque : « Le pain des pauvres, le pain de munition, le pain bourgeois, le pain de ménage fait avec de bon blé et *du mélange de toutes les farines bien fabriquées*, bien maniées au pétrin et bien cuites au four, seront meilleurs que le pain des riches fait de fine fleur de froment. Ce dernier l'emportera sans doute pour la blancheur, la forme et la légèreté sous un même volume, mais ce fard extérieur ne fait rien à la bonté. Le bon pain de ménage, avec la qualité et la fabrication requises, l'emportera à son tour comme étant plus nourrissant, plus odorant, plus savoureux, c'est-à-dire ayant le goût de noisette, le goût de fruit; cet aliment, plus substantiel, se conservera frais plus longtemps. » Bucquet, *Observations sur la boulangerie*. Paris, 1783, p. 89.

M. le docteur Barré, ingénieur-agronome, vient de soutenir la même thèse en s'appuyant sur des expériences faites en commun avec M. Galippe. (G. Barré. *Du pain considéré comme aliment et médicament phosphaté*. Paris, Jouve, 1893.)

Sur le dosage du ligneux dans les farines.

Le dosage du ligneux dans les farines n'est pas sans fournir d'utiles indications au chimiste expert, mais il est généralement négligé, tant les procédés sont longs et incertains. Quelques observations m'ayant été faites au sujet du procédé Millon, que j'ai adopté dans mes précédentes recherches, je crois devoir revenir sur cette question afin de préciser les conditions dans lesquelles on doit se placer pour obtenir les meilleurs résultats.

Voyons d'abord les divers moyens employés.

M. Péligot (1) recommande l'acide sulfurique à 6 équivalents d'eau obtenu en ajoutant à 100 parties d'acide ordinaire 91,8 d'eau. Le contact avec la farine est de vingt-quatre heures.

Les opérations qui suivent sont longues : précipitation de la cellulose par addition d'eau, filtration, lavage à l'eau chaude et à l'eau de potasse, nouveaux lavages à l'eau chaude, puis à l'acide acétique faible, à l'eau, à l'alcool, à l'éther, etc. Les résultats, comme le reconnaît M. Péligot, ne sont qu'approximatifs ; ajoutons cependant qu'ils se rapprochent assez de ceux de Millon.

Boussingault (2) fait bouillir la matière avec de l'eau

---

(1) PÉLIGOT, *Sur la composition du blé* (*Annales de chimie et de physique*, 3ᵉ série, t. XXIX, 1850).

(2) BOUSSINGAULT, *De la végétation dans l'obscurité* (*Annales de chimie et de physique*, 4ᵉ série, t. XIII, 1868).

contenant 2 pour 100 d'acide chlorhydrique fumant jusqu'à ce que le liquide ne soit plus coloré en bleu par l'iode. La cellulose est lavée, séchée, traitée par l'éther et pesée après dessiccation. Les résultats sont plus élevés que les précédents ; l'auteur constate d'ailleurs qu'une partie des matières azotées résiste à l'action de l'acide et reste mélangée à la cellulose.

Poggiale (1) sépare successivement, à l'aide de l'eau et de l'éther, les substances solubles dans ces deux liquides, transforme l'amidon en glucose au moyen de la diastase et défalque du poids du résidu les matières fixes et azotées obtenues par des déterminations directes. Cette méthode nécessite de telles précautions · que Poggiale lui-même ne l'a pas toujours appliquée (2). Elle fournit une quantité de ligneux supérieure à celle qui est généralement admise et elle donne un peu moins d'amidon.

Voici le procédé Millon tel qu'il a été publié en 1849 (3). Les opérations y sont exposées avec une grande précision.

« On pèse 20 à 25 grammes de farine qu'on introduit dans un ballon de verre d'une capacité de 1 litre 1/2 à 2 litres ; puis on y verse 140 à 150 centimètres cubes d'une eau acidule qui renferme :

» Eau distillée...............	20 grammes.
» Acide chlorhydrique fumant..	1 gramme.

(1) Poggiale, *Examen du pain de munition distribué aux troupes des puissances européennes et de la composition chimique du son (Journal de pharmacie et de chimie,* 3ᵉ série, t. XXIV, 1853, et *Mémoires de médecine et de pharmacie militaires,* 2ᵉ série, t. XII.)

Poggiale, *Recherches sur la composition chimique et les équivalents nutritifs des aliments de l'homme (Journal de pharmacie et de chimie,* 3ᵉ série, t. XXX, 1856.)

(2) Poggiale, *Note sur le ligneux du blé (Journal de pharmacie et de chimie,* 3ᵉ série, t. XXXVI, 1859).

(3) Millon, *De la proportion d'eau et de ligneux contenue dans le blé et dans ses principaux produits (Annales de chimie et de physique,* 3ᵉ série, t. XXVI, 1849.)

» On porte l'eau acidule à l'ébullition de quinze à vingt minutes, on ajoute 1 demi-litre d'eau distillée et au bout de quelques instants on décante celle-ci sur un filtre destiné à recueillir le ligneux ; après quatre ou cinq additions d'eau, on jette le ligneux lui-même sur le filtre ; on le rassemble avec une pissette au fond du filtre, on le lave jusqu'à ce que l'eau de lavage soit sans action sur le papier de tournesol ; on laisse égoutter le filtre durant une heure ou deux et tandis qu'il est encore humide on détache le ligneux avec soin, on l'introduit une seconde fois dans le ballon déjà employé et l'on verse sur lui une lessive qui contient :

>   Eau distillée................ 10 grammes.
>   Potasse caustique.......... 1 gramme.

» On répète l'ébullition en présence de la liqueur alcaline durant quinze à vingt minutes et l'on procède au lavage comme pour l'eau acidulée. On termine ce lavage par l'emploi d'une eau faiblement acidulée qui doit être enlevée elle-même jusqu'à ce que toute action disparaisse au papier de tournesol. Le ligneux détaché une seconde fois du filtre, est desséché au bain-marie, puis au bain d'huile à 120°, où il est maintenu durant trois heures. »

Millon fait remarquer que ce n'est pas sans de nombreux tâtonnements qu'il a adopté les deux solutions qui précèdent. Un acide plus dilué agit moins vite et donne une liqueur moins facile à filtrer ; avec un acide plus concentré on s'expose à convertir le ligneux et le sucre en produits humiques qui gâtent toute l'opération. L'emploi d'une lessive alcaline trop concentrée modifie aussi sensiblement le poids du ligneux.

Avec 100, 150 ou 200 centimètres cubes de solution acide, on obtient à peu près les mêmes résultats, et la filtration est rapide *si la transformation de l'amidon est complète*. Il est nécessaire de chauffer jusqu'à ce que l'eau iodée ne soit plus colorée en bleu et prenne une teinte jaune. L'opération se fait bien dans une capsule en porcelaine ; elle demande quinze à vingt minutes, suivant l'intensité du foyer : la perte de l'eau pendant l'évaporation est d'environ 20 pour 100.

On peut éviter, sans écart appréciable dans les résultats, la décantation et les lavages, qui sont fort longs, et traiter directement le résidu enlevé du filtre par la solution de potasse : 100 centimètres cubes suffisent pour dissoudre à l'ébullition toutes les matières albuminoïdes qui ont résisté à l'action de l'acide. Avec une capsule en porcelaine, on n'a pas à redouter les boursouflements qui se produisent dans un ballon et l'on s'oppose à toute carbonisation sur les bords en agitant la masse avec une baguette de verre.

L'avant-dernier lavage à l'eau acidulée peut être supprimé et remplacé par un dernier lavage à l'alcool et à l'éther qui facilite au même degré le détachement du ligneux adhérent au filtre.

J'ai cherché en vain à remplacer la lessive alcaline par l'acide acétique à différents états de concentration ; les matières azotées qui ont subi le traitement chlorhydrique se dissolvent bien, mais les solutions sont poisseuses et les filtrations impraticables.

Le procédé Millon, modifié d'après ces données, fournit en peu de temps des résultats nécessairement approximatifs, mais, néanmoins, très comparables. Résumons-le en quelques lignes :

On pèse 25 grammes de farine qu'on met dans une capsule de porcelaine et l'on y verse peu à peu, en agitant avec une baguette en verre, de façon à éviter les grumeaux, 150 centimètres cubes d'une eau acidulée, contenant 1 gramme d'acide chlorhydrique fumant pour 20 grammes d'eau. On chauffe à l'ébullition pendant environ vingt minutes, jusqu'à ce que tout l'amidon soit bien transformé, et l'on jette, en une fois, la liqueur bouillante sur un filtre sans plis, préalablement humecté avec de l'eau chaude. La filtration achevée, le résidu suffisamment égoutté est détaché avec soin du filtre, remis dans la capsule et traité à l'ébullition, pendant quinze à vingt minutes, par 100 centimètres cubes d'une lessive renfermant 1 gramme de potasse caustique pour 10 grammes d'eau. On jette comme précédemment sur un filtre sans plis, et, dès que le liquide a passé, on rince la capsule avec un peu de lessive alcaline qu'on reporte chaude sur le filtre, puis on continue les lavages à l'eau chaude à l'aide d'une pissette, de façon à rassembler le ligneux au fond du filtre et jusqu'à ce qu'il n'y ait plus de traces de saveur lixivielle. On laisse égoutter, on reprend le lavage avec de l'alcool fort, et finalement avec un peu d'éther. Le ligneux est alors enlevé, étendu sur une lame de verre, desséché et pesé.

(*Journal de pharmacie et de chimie*, 5e série, t. XVIII, 1888.)

Sur la réparation des vieilles farines.

Nul n'ignore aujourd'hui combien sont considérables les approvisionnements de farines tenus en réserve par l'administration de la guerre. Dès que les farines ont atteint leur limite de conservation, elles sont renouvelées par les entrepreneurs avec lesquels des marchés ont été passés à cet effet. Elles ont alors perdu beaucoup de leurs qualités, et, par suite, de leur valeur commerciale ; l'odeur et la saveur sont plus ou moins désagréables, elles ont peu de cohésion et laissent, au toucher, la sensation de petits grumeaux. Dans ces conditions, elles deviennent parfois l'objet d'un nouveau trafic qui constitue une véritable fraude. Repassées sous les meules ou aux cylindres avec de jeunes farines, elles sont revendues au prix des bonnes marques. Le mélange, au début, est assez difficile à saisir, car les qualités de la farine fraîche neutralisent remarquablement les défauts de l'ancienne ; mais cette action est passagère et les défauts ne tardent pas à l'emporter. J'ai eu l'occasion d'examiner plusieurs lots de farines ainsi réparées. Elles sont très blanches, très affleurées, un peu maigres au toucher et fuyantes à la main. La saveur, à peine acide pour les unes, beaucoup pour d'autres, trahit une amertume plus ou moins accusée. Cette amertume, ou plutôt cette âcreté, qu'il ne faut pas confondre avec la saveur produite par les légumineuses ajoutées souvent en faible proportion à ces farines, est quelquefois très lente à se manifester ; mais, dès qu'on l'a perçue, elle est très tenace et tout à fait caractéristique.

Lorsqu'on les étale sur la main ou sur une feuille de papier en les comprimant à l'aide d'une spatule, on s'aperçoit que la nuance n'est pas fondue, qu'il y a des marbrures, et l'on remarque des petits points blancs et durs, provenant de fragments de vieilles pelotes incomplètement broyées. Ces particularités sont plus marquées quand on a recours à l'appareil Pekart (1), ou quand on examine à part les résidus laissés par les tamisages.

Le microscope permet également de distinguer des globules d'amidon de blé dépassant les proportions ordinaires, plus ou moins exfoliés ou déchiquetés et facilement attaquables par la potasse diluée à 1,75 pour 100. Ces caractères se retrouvent dans l'examen des vieilles farines.

La proportion d'eau est normale, le poids des cendres aussi. La matière grasse n'a plus l'odeur aromatique caractéristique des bonnes farines ; elle est au-dessous de la moyenne. L'acidité est fort au-dessus.

Voici, d'ailleurs, en ce qui concerne ces deux derniers facteurs, l'ensemble des résultats obtenus pour trois lots de provenances diverses ; j'y ai joint quelques données

---

(1) Le procédé Pekart consiste à étendre sur une planchette, en bandes de 4 à 5 centimètres, les échantillons des farines qu'il s'agit de comparer. On les tasse fortement en passant dessus une épaisse lame de verre taillée en biseau, de façon à obtenir une surface bien unie de 2 à 5 millimètres d'épaisseur. On introduit progressivement la planchette, tenue obliquement, dans une cuve remplie d'eau ; on la retire dès que l'eau a pénétré la farine, puis on la laisse égoutter et sécher à l'air. Les piqûres des farines, de même que la nuance spéciale à chacune d'elles, apparaissent alors très nettement.

Voir dans la *Revue du service de l'Intendance* (novembre-décembre 1892), les *Observations sur les nuances des farines*, publiées par M. le sous-intendant militaire Stanislas.

fournies, dans les mêmes conditions d'expérience, avec de nouvelles farines. Le premier lot, le plus ancien, était annoncé comme ayant à peine trois mois de fabrication.

	ACIDITÉ pour 100 (en S O⁴ H).	MATIÈRES grasses pour 100.
	gr.	gr.
Lot nº 1............................	0,147	0,78
Lot nº 2	0,069	0,94
Lot nº 3...........................	0,074	0,84
Farine nouvelle A...................	0,039	1,22
Farine nouvelle B...................	0,049	1,74
Farine nouvelle C...................	0,049	0,76

Le gluten donne des indications capitales ; il est moins consistant et a moins de liant que le gluten des farines fraîches. Lorsqu'on le conserve dans l'eau froide (à une température inférieure à 15 degrés) pendant vingt-quatre heures et qu'on recommence les lavages en le frottant entre les mains, il mousse et perd beaucoup de son poids. On voit, par le tableau suivant, que les bonnes farines ne présentent pas de tels écarts :

	POIDS DU GLUTEN venant d'être préparé		POIDS DU GLUTEN après 24 h⁰⁰ dans l'eau	
	pour 25 gr. de farine.	pour 100 gr.	pour 25 gr. de farine.	pour 100 gr.
	gr.	gr.	gr.	gr.
Lot nº 1	7,4	29,6	4,5	18,0
Lot nº 2	9,1	36,4	6,8	27,2
Lot nº 3	9,0	36,0	6,6	26,4
Farine nouvelle A.........	9,7	38,8	8,7	34,8
Farine nouvelle B.........	9,0	36,0	8,1	32.4
Farine nouvelle C.........	9,0	36,0	7,8	31,2

Voici encore, à titre de documents, quelques résultats obtenus avec des farines premières marques du commerce conservées pendant trois et quatre ans.

	ACIDITÉ pour 100.	MAT⁰⁰ GRASSES pour 100.	GLUTEN pour 100.
Farine de cylindres ayant un mois de mouture......................	0,025	1,02	35
La même, après 4 ans de conservation	0,054	0,20	25
Farine de cylindres, après un mois..	0,020	0,96	32
La même, après 4 ans.............	0,048	0,10	21

	ACIDITÉ pour 100.	MAT^{res} GRASSES pour 100.	GLUTEN pour 100
Farine de cylindres, après un mois..	0,017	0.90	38
La même, après 4 ans.............	0,077	0,06	27
Farine de cylindres, après un mois..	0.023	0.86	28
La même, après 3 ans.............	0,049	0,06	18
Farine de cylindres, après un mois ..	0,027	0.80	33
La même, après 3 ans.............	0.039	0,21	25
Farine de cylindres, après un mois..	0.023	0,62	31
La même, après 3 ans..............	0,180	0.20	21
Farine de meules, après un mois....	0.020	0,96	32
La même, après 4 ans	0,029	0,10	25
Farine de meules, après un mois....	0,025	0,99	27
La même, après 3 ans.............	0,033	0,06	20

D'après cet exposé, l'acidité, la matière grasse et le gluten qui, en dehors des caractères physiques, permettent de se prononcer sur l'ancienneté d'une farine, permettent donc aussi de reconnaître un mélange (1), même récent, de vieilles et de nouvelles farines.

La recherche des alcaloïdes dont j'ai signalé autrefois la présence dans les anciennes farines ne doit pas être négligée; elle peut fournir parfois d'utiles indications.

(*Revue du service de l'Intendance militaire*, janvier-février 1890; — *Journal de pharmacie et de chimie*, 5e série, t. XXI, 1890.)

---

(1) Ces mélanges ont à peu près disparu des livraisons militaires depuis le fonctionnement du laboratoire d'expertises des farines créé à l'Hôtel des Invalides pendant le passage de M. l'intendant général Baratier à la direction des services administratifs du département de la guerre. Il en est de même de ces autres mélanges hétéroclites comprenant la tête et les queues de moutures fournies par les cylindres et caractérisés par une augmentation de poids des matières minérales, de la cellulose, du gluten et des matières grasses. Si l'on compare les mercuriales de la fin de 1891 avec celles d'aujourd'hui, on voit que ces produits inférieurs, assez bien cotés autrefois, sont tombés à vil prix.

De l'action de l'acide sulfureux sur les farines.

On procédait, il y a quelque temps, à la sulfuration de plusieurs magasins à farine, en vue d'écarter l'*Ephestia Kuehniella*, dont les ravages, dans certaines régions, sont si redoutés des minotiers. La dose de soufre employée était de 60 grammes par mètre cube et l'opération avait duré trente-six heures; c'est dire que la sulfuration a été aussi complète que possible. Les magasins étaient vides, à l'exception d'un seul qui contenait quelques sacs de farine. Plus tard, lorsqu'on voulut utiliser ces sacs, on reconnut que la panification était impraticable.

Les expériences suivantes rendent compte des transformations qui se sont opérées dans la farine et prouvent que cette farine n'a perdu aucune de ses qualités nutritives et peut encore servir à faire du pain.

Examen de la farine avant la sulfuration.

La farine présente les caractères physiques et chimiques d'une bonne qualité moyenne.

Elle renferme pour 100 parties :

Eau	13,00
Gluten humide	28,00
Matières grasses	1,83
Cendres	1,13

Les cendres ne contiennent pas de sulfates.

Un pâton fait avec cette farine, conservé à une douce chaleur, dans un paneton recouvert avec une couverture de laine, et rafraîchi plusieurs fois avec la même farine, est en pleine fermentation panaire après vingt-quatre heures; lorsqu'on l'ouvre, il répand une bonne odeur de levain.

Examen de la farine après la sulfuration.

Cette farine, au premier aspect, ne présente rien d'anormal : la vue, le toucher, le goût, l'odorat ne trahissent absolument aucune altération. Mais il n'en est plus ainsi quand on pousse l'examen plus avant. Si le poids de l'eau et de la matière grasse n'a pas varié, le gluten a perdu toute cohésion; lorsqu'on cherche à le retirer par les moyens ordinaires, il s'échappe avec les eaux de lavage, et c'est avec peine que l'on peut en obtenir 6 à 7 grammes pour 100.

La farine prélevée au centre du sac, à l'aide d'une sonde, présente, mais à un moindre degré, la même particularité. Des pelletages très énergiques ne la modifient pas, le gluten reste aussi défectueux.

Un pâton fait avec cette farine et traité comme il est indiqué plus haut ne commence à donner des traces de fermentation qu'après trente heures. La présence de produits contenant du soufre n'est pas douteuse, car, à l'ouverture du pâton, il y a une légère odeur très fugace d'hydrogène sulfuré. D'autre part, en mettant au milieu de l'un des sacs une pièce d'argent bien nettoyée, celle-ci, après huit jours, a noirci, alors qu'une pièce semblable a conservé son éclat au milieu de la farine non sulfurée. Ajoutons que dans les cendres, dont le poids n'a pas changé, on trouve des traces de sulfates et que l'acidité de la farine s'est accrue de $0^{gr},037$ pour 100.

Les effets de la sulfuration sont donc manifestes.

On sait que le soufre, en brûlant à l'air, produit de l'acide sulfureux et de l'acide sulfurique qui, sous l'influence des ferments et d'autres matières contenues dans les farines, peuvent se transformer partiellement en sulfure. Il était dès lors indiqué d'étudier l'action de ces divers agents sur le gluten.

On a fait, avec de bonnes farines à 30 pour 100 de gluten, des pâtons contenant, à des doses variables, mais toujours très faibles, les uns de l'acide sulfhydrique, de l'acide sulfureux ou de l'acide sulfurique, d'autres du sulfure de potassium ou de sodium, d'autres enfin, du sulfhydrate d'ammoniaque ; dans tous les cas, il a été impossible d'en retirer la totalité du gluten.

Comme contre-épreuve, du bon gluten humide mis à tremper dans de l'eau renfermant les mêmes doses d'acides ou de sulfures ne tarde pas à se désagréger.

C'est donc à ces dérivés du soufre qu'il faut attribuer l'impossibilité de rassembler le gluten dans les farines sulfurées : leur résistance à la fermentation panaire s'explique également par la présence de l'acide sulfureux, dont on se sert d'ailleurs, de temps immémorial, pour muter les vins.

Les observations qui suivent prouvent que le gluten est simplement modifié, mais non détruit.

I. S'il est des corps comme les précédents qui empêchent le gluten de se rassembler, j'ai montré qu'il en est d'autres, au contraire (1), qui favorisent son agrégation ; le chlorure de sodium, l'alun, le sulfate de cuivre sont dans ce cas. Or, les pâtons faits avec des solutions de ces trois sels et les farines sulfurées donnent 28 pour 100 de gluten, c'est-à-dire autant que les farines avant la sulfuration.

II. On a pétri 25 grammes de farine sulfurée avec 10 grammes de gluten humide provenant d'une farine

---

(1) Voir page 75.

ordinaire et l'on a ajouté assez d'eau pour en faire un pâton très malléable. On a retiré de ce pâton 17 grammes de gluten, ce qui prouve que les 7 grammes de gluten contenus dans les 25 grammes de farine sont venus se joindre aux 10 grammes de gluten ajouté.

Partant de là, il était à prévoir qu'en ajoutant à la farine sulfurée du sel et du gluten, et qu'en forçant la fermentation par addition de forts levains, on arriverait à la panifier. C'est ce que l'expérience a confirmé.

Une première fournée, faite avec un tiers de farine sulfurée et deux tiers de farine exotique récente, contenant 45 pour 100 de gluten, a donné, dans les conditions ordinaires de la panification, un excellent pain renfermant après ressuage 31,5 pour 100 d'eau.

Une seconde fournée, avec parties égales de farine sulfurée et de farine fraîche, a été faite en augmentant les levains et le sel dans la proportion de 10 pour 100; le pain est très acceptable; il retient $0^{gr},1$ pour 100 d'eau de plus que le précédent.

Dans une troisième fournée, avec deux tiers de farine sulfurée et un tiers de farine fraîche, on a encore augmenté le levain et le sel dans la proportion de 10 pour 100. Le travail est plus difficile, mais le pain a toujours bon aspect. Lorsqu'on l'ouvre au sortir du four, on perçoit une légère odeur sulfureuse; cette odeur ne se retrouve plus après le ressuage. Le pain contient 1,3 pour 100 d'eau de plus que le pain de la première fournée.

Enfin une quatrième fournée a été faite avec la farine sulfurée seule en augmentant encore de 10 à 12 pour 100 la proportion du sel et des levains. Le travail est pénible, beaucoup plus long; néanmoins, la fermentation se produit, mais le pain est plus serré, plus gras. Le sel n'est pas trop accusé. L'odeur sulfureuse est très sensible au sortir du four, mais, après ressuage, il n'en reste pas trace. Il y a 2,4 pour 100 d'eau de plus que dans la première fournée.

Ajoutons que le biscuit sans sel ni levain, préparé exclusivement avec la farine sulfurée, offre tous les caractères d'une bonne fabrication, et que rien ne peut faire supposer physiquement ou chimiquement (en dehors de l'acidité) que le gluten a été désagrégé par la sulfuration.

(*Revue du service de l'Intendance militaire,* juillet-août 1890; — *Journal de pharmacie et de chimie,* 5ᵉ série, t. XXII, 1890.)

Sur la préexistence du gluten dans le blé.

L'hypothèse d'après laquelle le gluten n'existerait point tout formé dans le blé, mais résulterait de l'action simultanée de l'eau et d'un ferment spécial, a été soutenue par MM. Weyl et Bischoff (1).

Ces chimistes admettent que toute cause qui empêche la fermentation prévient la formation du gluten : c'est ainsi, disent-ils, que les farines chauffées pendant longtemps à la température de 60 degrés ou traitées par une solution de sel marin à 15 pour 100 ne donnent plus de gluten. Dans un mémoire sur les farines présenté autrefois à l'Académie des sciences (*Comptes rendus,* t. XCVII, 1883), j'ai montré qu'il était possible de retirer du gluten dans ces conditions et même en portant les farines à une température de 100 degrés pendant huit heures (2).

Les recherches de M. W. Johannsen (3) l'ont égale-

---

(1) WEYL et BISCHOFF, *Sur le gluten (Bulletin de la Société chimique de Paris,* 1880).

(2) Voir page 80. Il convient de rappeler à ce sujet les expériences de Duhamel prouvant que du froment laissé à l'étuve, pendant plusieurs jours, à une température de 55 degrés Réaumur (69 centigrades), peut encore germer : la germination est retardée mais non entièrement détruite. (*Traité de la conservation des grains et en particulier du froment,* par DUHAMEL DU MONCEAU. Paris, MDCCLIII, page 164.)

(3) W. JOHANNSEN, *Sur le gluten et sa présence dans le grain de blé.* (*Résumé du compte rendu des travaux du laboratoire de Carlsberg,* 2e volume, 5e livraison, 1888).

ment conduit à rejeter l'hypothèse de MM. Weyl et Bischoff.

Toutefois, il ajoute :

Cependant l'hypothèse d'un ferment est devenue très vraisemblable par quelques expériences que M. Kjeldahl a eu l'occasion de faire au laboratoire de Carlsberg. Il existe, en effet, une analogie frappante entre l'influence de la température sur l'action des ferments étudiés auparavant par M. Kjeldahl (*Meddelelser fra Carlsberg laboratorium*; Résumé français, t. I, p. 121-186) et sur la préparation du gluten. En opérant à 0 degré on n'obtenait pas de gluten ; mais à des températures croissantes on en obtenait une quantité de plus en plus grande jusqu'à un maximum de 40 degrés ; au-dessus de cette température, la quantité de gluten diminuait de nouveau.

Nous donnerons comme exemple la série d'expériences qui suit : des portions de 10 grammes de farine sont chauffées à diverses températures ; on ajoute ensuite à chacune 30 grammes d'eau chauffée au degré correspondant et, après une demi-heure de repos à la même température, on lave sur un tamis en crin.

Le résultat est indiqué dans le tableau ci-dessous.

Température.....	0°	5°	10°	15°	25°	40°	50°	60°	70°
Poids de gluten humide.	0gr	6gr	10gr	11gr,5	13gr	15gr,5	11gr,5	7gr	4gr

J'ai repris en décembre 1890, et plus récemment pendant les froids que nous venons de traverser, les expériences de M. Kjeldahl. J'ai pu retirer du gluten de farines maintenues pendant plusieurs jours à — 8 degrés en faisant les pâtons et en opérant la lévigation avec de l'eau à + 2 degrés. J'en ai également retiré de pâtons faits avec de l'eau à 75 degrés et lavés à la main avec de l'eau à 52 degrés (maintenue à cette température dans un entonnoir métallique à robinet, convenablement chauffé) ; un de mes aides, plus endurant, a pu aussi en retirer avec de l'eau à 60 degrés.

C'est ainsi qu'une même farine a donné :

27.0 pour 100 de gluten humide à	+	2°
27.6	—	—	à + 15°
30.0	—	—	à + 60°

Dans ce dernier cas, le gluten est très mou ; il est, au contraire, très ferme dans le premier cas.

Voici qui paraîtra encore plus décisif, étant donnée l'action connue de l'acide sulfureux sur les ferments. Il s'agit de farines laissées dans un local soumis pendant trente-six heures à l'action désinfectante de l'acide sulfureux obtenu par la combustion du soufre à raison de 60 grammes par mètre cube. Il n'est pas possible de retirer du gluten de ces farines par les moyens habituels ; mais, si l'on fait des pâtons avec de l'eau salée, on peut l'isoler facilement.

On atteint le même but en mêlant à la farine sulfurée un poids déterminé de gluten humide, bien lavé, provenant d'une farine ordinaire et en ajoutant assez d'eau pour faire un pâton convenable : la lévigation donne, en plus du gluten ajouté, tout le gluten de la farine sulfurée.

Le gluten préexiste dans le blé.

(*Comptes rendus de l'Académie des sciences*, t. CXVI, 1893 ; — *Revue du service de l'Intendance*, janvier-février 1893.)

Sur les causes d'erreurs
se rattachant à l'analyse chimique des farines et sur les moyens de les prévenir.

Il n'est pas rare de voir des bulletins d'analyses établis par divers chimistes présenter, pour les mêmes farines, des écarts assez considérables; il arrive que les résultats soient parfois contradictoires. De là des doutes, des hésitations pour les membres des commissions appelés par les cahiers des charges relatifs aux subsistances militaires à juger les contestations qui peuvent s'élever entre les parties prenantes et les livranciers; de là aussi des réclamations non justifiées, car il est reconnu, en dernier ressort, que les divergences signalées viennent généralement d'une prise d'échantillon défectueuse ou de la mise en pratique de procédés d'analyse particuliers à tel ou tel chimiste.

Sans parler des changements survenus pendant le transport (1) ou des cas de substitution qui se produisent involontairement lorsque l'on opère plusieurs prélèvements à la fois, on remarque trop souvent que les prises d'essais sont faites sans précautions et n'offrent pas toutes les garanties désirables.

---

(1) Variations dans le degré d'humidité fréquemment observées pour es échantillons expédiés dans des sacs en papier ou en toile ordinaire non imperméabilisée.

On oublie que, si la farine que l'on vient de recueillir au moulin présente une composition homogène, il n'en est plus de même après quelque temps de mouture. Si l'on ouvre, par exemple, un sac de farine de basse qualité laissé, pendant quelques jours seulement, dans un lieu à la fois chaud et humide, on constate déjà une différence sensible entre l'acidité de la portion centrale et celle de la partie touchant au sac qui est exposée plus directement aux influences de l'air; la saveur vient corroborer les données de l'analyse et bientôt le toucher, lorsque de petites pelotes commencent à se former sur les bords.

Il ne faut jamais perdre de vue que des causes en apparence sans portée peuvent être suivies d'effets imprévus. J'ai constaté maintes fois dans nos manutentions militaires que les farines dures de meule conservées en sacs depuis plusieurs mois perdent leur homogénéité : le tamisage (au tamis de soie n° 90 ou au tàmis de soie n° 120), qui était uniforme au moment de l'entrée en magasin, laisse des résidus bien différents suivant que l'on prend l'échantillon à l'ouverture du sac ou que l'on va, à l'aide d'une sonde, le chercher à la partie inférieure. Le gluten venant de là présente des écarts en plus de 1,5 à 2 pour 100. Il est incontestable que la composition des farines s'est modifiée. Les parties les plus légères se sont séparées des plus lourdes, par le fait des mouvements répétés que l'on a imprimés aux sacs en les déplaçant pour leur faire subir les manœuvres de conservation prescrites par les règlements militaires.

Lorsque la prise d'échantillon est de plusieurs kilogrammes, comme c'est le cas habituel pour les envois au laboratoire de l'intendance, qui servent à la fois aux analyses et aux épreuves de panification, les causes d'erreurs sont bien atténuées; mais il en est tout autrement, si l'échantillon remis au chimiste n'est que d'une centaine de grammes. En pareil cas, le prélèvement devrait toujours être fait avec soin vers le centre du sac et cette indication devrait être mentionnée sur la demande d'analyse.

Qnant aux écarts provenant de certains procédés analytiques employés, procédés que l'on néglige à tort d'indiquer sur les bulletins d'analyse, ils ne disparaîtront que le jour où les chimistes chargés d'expertises commerciales auront accepté pour les farines une méthode uniforme, dans le genre de celles qu'il ont déjà adoptées pour les vins, les sucres et les engrais. Dans l'attente de cette sage mesure, il ne paraîtra pas superflu de donner un exposé sommaire des procédés en usage au laboratoire central de l'administration de la guerre.

Procédés employés au laboratoire central de l'administration de la guerre pour l'analyse chimique des farines.

Les dosages des éléments constitutifs des farines s'y font simultanément par série de douze échantillons à la fois. Lorsque l'échantillon présente des pelotes, on le passe préalablement au mortier afin d'avoir des prises d'essai plus homogènes.

Les résultats trouvés sont ramenés par le calcul à 100 parties.

1. *Dosage de l'eau.* — On pèse 10 grammes de farine dans une petite capsule en cuivre à fond plat, numérotée, séchée et tarée. On porte à l'étuve. On chauffe *progressivement* jusqu'à 105 degrés. On laisse à cette température pendant sept heures et l'on pèse avec les précautions ordinaires.

La perte de poids est multipliée par 10.

2. *Dosage des cendres.* — On pèse 5 grammes de farine dans une petite capsule en porcelaine numérotée, séchée et tarée. On chauffe *graduellement* dans un moufle pendant deux heures. On pèse les cendres après

refroidissement sous un exsiccateur. On multiplie le poids trouvé par 20.

Le moufle contient six capsules.

Si les cendres sont en proportions anormales et s'il y a lieu d'y rechercher un corps étranger, on incinère à nouveau une quantité suffisante de farine pour procéder à l'analyse qualitative ou quantitative des cendres d'après les procédés classiques.

3. *Dosage de l'acidité.* — On pèse 5 grammes de farine que l'on introduit dans un petit flacon à large ouverture bouché à l'émeri et rincé à l'eau distillée. On ajoute 25 centimètres cubes d'alcool fort (85 à 95 degrés). On agite de temps à autre. On laisse reposer pendant la nuit, et le lendemain on prélève, à l'aide d'une pipette, 10 centimètres cubes du liquide surnageant. On les met dans un verre à expérience ; on y laisse tomber une goutte de teinture de curcuma (1) et on dose l'acidité en versant goutte à goutte, à l'aide d'une burette graduée en dixièmes de centimètre cube, une solution alcoolique de soude normale à 1/20 (2) jusqu'à persistance de la teinte brune du curcuma. Toutes ces opérations se font, autant que possible, à la température de 15 degrés.

---

(1) Obtenue en traitant 1 partie de racine de curcuma pulvérisée par 10 parties d'alcool à 60 degrés ; on laisse macérer pendant quelques jours, on décante en exprimant et on filtre.

(2) Cette solution se prépare en dissolvant, à la température de 15 degrés, 1^{gr},55 de soude caustique pure (équivalent 31) dans 1,000 centimètres cubes d'alcool à 60 degrés. (On emploie de préférence l'alcool, qui exalte la sensibilité de la teinte brune du curcuma au contact de la soude.)

Chaque centimètre cube de liqueur contenant 0^{gr},00153 de soude, correspond à 0^{gr},00245 d'acide sulfurique monohydraté (équivalent 49). On s'assure de temps à autre, à l'aide d'une solution d'acide sulfurique normal à 1/20, que le titre de la solution alcaline n'a pas varié. Ces deux solutions doivent se neutraliser à volumes égaux. Si la solution alcaline s'est modifiée, on tient compte, dans les calculs qui suivent, des différences trouvées.

La *solution d'acide sulfurique normal à 1/20* s'obtient en ajoutant

Pour chaque série de dosages, on opère comparativement sur 10 centimètres cubes du même alcool n'ayant
point subi le contact de la farine, afin de s'assurer s'il
n'est pas acide. On tient compte, s'il y a lieu, de la
correction avant d'évaluer en acide sulfurique monohydraté l'acidité contenue dans les 25 centimètres cubes
d'alcool ajoutés aux 5 grammes de farine et on multiplie par 20 le chiffre représentant cette acidité.

4. *Dosage de la cellulose.* — On pèse 25 grammes de farine qu'on met dans une capsule de porcelaine
et l'on y verse peu à peu, en agitant avec une baguette
de verre, de façon à éviter les grumeaux, 150 centimètres cubes d'une eau acidulée contenant 50 grammes
d'acide chlorhydrique fumant pour 1,000 grammes d'eau.
On chauffe à l'ébullition pendant environ vingt minutes
et en agitant jusqu'à ce que tout l'amidon soit bien transformé et ne se colore plus en bleu au contact de l'eau
iodée. On jette, en une fois, la liqueur bouillante sur
un filtre sans plis, préalablement humecté avec de l'eau
chaude. La filtration achevée, le résidu suffisamment
égoutté est détaché avec soin du filtre, remis dans la
capsule et traité à l'ébullition pendant quinze à vingt
minutes par 100 centimètres cubes d'une lessive renfermant 100 grammes de potasse caustique pour 1,000
grammes d'eau. On agite, comme précédemment, avec
une baguette de verre pour s'opposer à toute carboni-

à 50 centimètres cubes de la solution d'acide sulfurique normal une
suffisante quantité d'eau distillée pour avoir un volume de 1,000 centimètres cubes.

La *solution d'acide sulfurique normal* se prépare elle-même en prenant 55 à 60 grammes d'acide sulfurique monohydraté que l'on dilue
dans un litre d'eau distillée. La solution étant refroidie à la température
de 15 degrés, on détermine très exactement, par le chlorure de baryum
et la balance, sa richesse en acide sulfurique (SO_3, HO); on la ramène
ensuite au titre normal en lui ajoutant un volume d'eau déterminé par
une proportion.

1 centimètre cube de cette solution *normale* contient ainsi $0^{gr},049$
d'acide sulfurique monohydraté correspondant à $0^{gr},031$ de soude.

sation sur les bords ; on jette sur un filtre sans plis, humecté au préalable avec de l'eau chaude, et dès que le liquide a passé on rince la capsule avec un peu de lessive alcaline qu'on reporte chaude sur le filtre ; puis on continue les lavages à l'eau chaude, à l'aide d'une pissette, de façon à rassembler la cellulose au fond du filtre et jusqu'à ce qu'il n'y ait plus trace de saveur lixivielle. On laisse égoutter, on reprend le lavage avec de l'alcool fort et finalement avec un peu d'éther. La cellulose est alors enlevée, étendue sur une lame de verre, desséchée et pesée.

On multiplie par 4.

Le dosage de la cellulose est souvent remplacé par des épreuves de tamisage faites avec des tamis de soie à mailles plus ou moins serrées. D'après les produits laissés par le tamisage on conclut, par comparaison avec des farines types, à la proportion des particules de son et au degré d'affleurement des farines examinées.

5. *Dosage de l'azote total* (1). — Dans un ballon d'environ 250 centimètres cubes on met 5 décigrammes de farine, 5 décigrammes de mercure (à l'aide d'un tube capillaire jaugé une fois pour toutes) et 20 centimètres cubes d'acide sulfurique pur monohydraté. On porte lentement à l'ébullition, que l'on maintient pendant envi-

---

(1) Ce mode de dosage, proposé par Kjeldahl en 1883 et adopté par le Comité consultatif des stations agronomiques et des laboratoires agricoles à la suite d'un rapport de MM. Schlœsing, Aimé Girard, Grandeau et Müntz (*Bulletin du ministère de l'agriculture*, 1887), repose sur les données suivantes : transformation de l'azote en ammoniaque en présence de l'acide sulfurique et du mercure métallique; décomposition, à l'ébullition, du sulfate d'ammoniaque formé par une lessive de soude qui met en liberté toute l'ammoniaque, que l'on recueille dans de l'acide sulfurique titré.

L'appareil de Schlœsing, modifié, comprend un ballon d'un litre relié par un bon bouchon de caoutchouc à un serpentin ascendant en étain aboutissant à un réfrigérant descendant, réuni lui-même à un tube à boule se terminant en une pointe effilée, qui, pendant la distillation vient plonger dans la solution acide titrée.

ron une demi-heure en tenant le ballon incliné et jusqu'à ce que le liquide soit devenu d'une limpidité parfaite. Après refroidissement complet, on ajoute 100 centimètres cubes d'eau distillée; on agite et on transvase dans un ballon de distillation d'environ 1 litre, en lavant à différentes reprises avec 80 à 100 centimètres cubes d'eau. On sature l'acide avec un excès de lessive de soude (à peu près 60 centimètres cubes de lessive à 36° Baumé). On transforme le sel de mercure formé en sulfure par addition de quelques centimètres cubes (4 à 5) d'une solution saturée de sulfure de sodium. On laisse tomber quelques parcelles de zinc en grenailles, afin d'avoir une ébullition plus régulière, et on adapte le ballon à l'appareil distillateur de Schlœsing modifié par Aubin. Ces quatre dernières opérations doivent être menées rapidement pour éviter toute perte d'ammoniaque. On chauffe le ballon et on recueille les produits de la distillation (60 à 80 centimètres cubes) dans un vase à précipiter contenant 10 centimètres cubes (1) d'acide sulfurique normal à 1/10. On arrête l'ébullition au bout d'une demi-heure, après s'être assuré que les dernières gouttes du liquide distillé n'ont plus d'action sur le papier rouge de tournesol et on dose l'excès d'acide sui-

---

(1) Dans les cas exceptionnels où la farine renferme au delà de 2,8 pour 100 d'azote. on ajoute en plus 10 centimètres cubes.

L'acide sulfurique normal à 1/10 s'obtient en mêlant à 100 centimètres cubes d'acide normal une quantité suffisante d'eau distillée pour 1,000 centimètres cubes de liqueur. Chaque centimètre cube représente ainsi $0^{gr},0049$ d'acide sulfurique correspondant à $0^{gr},0031$ de soude, soit 1 centimètre cube de soude normale à 1/10.

La *solution normale de soude caustique* à 1/10 se prépare en dissolvant $3^{gr},10$ de soude caustique pure dans quantité suffisante d'eau distillée pour un volume de 1,000 centimètres cubes. Un centimètre cube de cette solution correspond à $0^{gr},0017$ d'ammoniaque et $0^{gr},0014$ d'azote. On vérifie de temps à autre le titre de la solution à l'aide de l'acide sulfurique normal à 1/10, et dans le cas où il aurait varié on en tient compte dans les calculs ultérieurs.

Au moment de faire usage de toutes ces solutions titrées, on ne doit jamais négliger d'agiter les flacons qui les renferment.

vant les procédés ordinaires (à la touche) avec une solution de soude normale à 1/10.

La quantité de solution alcaline employée fait connaître celle de l'ammoniaque qui s'était combinée avec l'acide sulfurique décime et par suite le poids de l'azote.

On multiplie par 6,25 (1) pour avoir le poids correspondant des matières azotées, puis par 200 pour avoir le poids des mêmes matières dans 100 grammes de farine.

6. *Dosage du gluten*. — On fait une pâte avec 33^{gr},33 de farine et 15 à 18 centimètres cubes d'eau ; on laisse au repos pendant une demi-heure, puis on procède au lavage du pâton à la main en se plaçant sous un mince filet d'eau et au-dessus d'un tamis à mailles serrées pour éviter toute perte de gluten. On lave en comprimant la masse, jusqu'à ce que l'eau de lavage s'écoule très claire ; on rassemble les débris de gluten tombés sur le tamis ; on exprime pour se débarrasser de l'eau retenue mécaniquement. On pèse et l'on multiplie par 3 le nombre trouvé.

Lorsque la quantité de gluten est inférieure au taux réglementaire, on recommence le dosage d'après les indications suivantes :

Faire un pâton avec 50 grammes de farine et 20 à 25 grammes d'eau ; laisser ce pâton au repos pendant vingt-cinq minutes, puis le partager en deux parties égales ; retirer le gluten de l'une immédiatement et celui de l'autre une heure après. Dans les deux cas, peser le gluten après l'avoir fortement serré dans la main dès que l'eau de lavage s'écoule claire ; continuer le lavage pendant cinq minutes et peser de nouveau. On a ainsi quatre don-

---

(1) Ce coefficient représente la quantité de gluten sec qui correspond à 1 gramme d'azote.

nées dont le total représente la moyenne du gluten pour 100 grammes de farine (1).

7. *Dosage des matières azotées insolubles.* — Le poids des matières azotées insolubles s'obtient en étendant le gluten humide sur une lame de verre tarée et en le desséchant à 105 degrés (pendant environ huit heures), jusqu'à ce que le poids ne varie plus. Le gluten ainsi desséché renferme exactement 16 pour 100 d'azote, soit 100 pour 100 ($16 \times 6,25$) de matières azotées.

8. *Dosage des matières azotées solubles.* — En retranchant les matières azotées insolubles des matières azotées calculées d'après l'azote total, on a la proportion des matières azotées solubles (2).

9. *Dosage des matières grasses.* — On se sert de tubes ordinaires en verre, de 25 centimètres de long, numérotés, étirés en pointe à la partie inférieure et placés sur un support au-dessus d'autant de capsules en verre numérotées et tarées. On introduit dans chacun d'eux un petit tampon en coton ou en pâte de papier Berzelius bien lavé et desséché et par-dessus, après l'avoir convenablement tassé, 5 grammes de farine *non desséchée*. On verse rapidement 15 à 20 centimètres cubes d'éther

---

(1) On a coutume, dans la pratique, de rapporter le gluten à 100 parties de farine, sans se préoccuper de l'hydratation de la farine ; mais, en cas de contestation, c'est un facteur qui ne doit pas être négligé. Si l'on considère, par exemple, deux farines donnant 26 pour 100 de gluten mais renfermant l'une 12 pour 100 d'eau et l'autre 16 pour 100, on aurait, en réalité, dans le premier cas 29,21 de gluten pour 100 de farine privée d'eau et dans le deuxième cas 30,95.

(2) Dans la pratique, on n'a recours qu'au dosage des matières azotées insolubles représentées par le gluten humide avec ses qualités physiques. Le dosage de l'azote total et des matières azotées solubles n'est effectué que dans des cas spéciaux, lorsqu'il s'agit, par exemple, de s'assurer de l'identité de plusieurs farines ; de constater que des blés livrés par l'administration de la guerre à des entrepreneurs pour être transformés en farines n'ont pas été remplacés ou mélangés au moulin par des blés de moindre qualité, etc.

à 65 degrés et l'on bouche de suite l'ouverture supérieure avec un bon bouchon de liège préalablement essayé. On laisse au repos pendant trois heures, on enlève alors le bouchon pour permettre à l'éther de s'écouler dans la capsule placée au-dessous et on lave la farine à nouveau avec 8 à 10 centimètres cubes d'éther, qui suffisent pour entraîner tout ce qui reste de matières grasses. Après évaporation de l'éther à l'air libre, on constate l'odeur de la matière grasse ; on porte la capsule à l'étuve pendant une heure et l'on pèse. Le poids est multiplié par 20.

10. *Dosage des matières sucrées.* — Pour apprécier la proportion des matières sucrées, on met dans des flacons bouchés à l'émeri 20 grammes de farine avec 100 centimètres cubes d'eau ; on agite fréquemment et, après six heures de contact à une température voisine de 15 degrés, on filtre et on dose le sucre par la liqueur de Fehling. On rapporte par le calcul le chiffre trouvé à 100 centimètres cubes, soit à 20 grammes de farine, et on multiplie par 5.

11. *Dosage de l'amidon.* — Lorsqu'un dosage d'amidon est jugé nécessaire (1), on opère sa transformation en sucre dans des tubes fermés à la lampe en suivant les excellentes indications contenues dans le *Traité d'analyse chimique quantitative* de Fresenius. Pour chaque dosage on fait trois expériences simultanées dans trois forts tubes en verre. Dans chacun d'eux on met 5 décigrammes de farine, puis 10 centimètres cubes d'eau et 1,5 centimètre cube d'acide sulfurique étendu (160 grammes d'acide monohydraté dans un litre d'eau). On ferme les trois tubes à la lampe et on les chauffe

---

(1) On se contente généralement de l'examen microscopique, qui permet de s'assurer qu'il n'y a pas addition de farines étrangères au blé.

dans un bain formé par une dissolution saturée de sel, l'un pendant trois heures et les autres pendant six heures. Après le refroidissement, on ouvre le premier tube, on étend d'eau son contenu pour faire 100 centimètres cubes et, après avoir neutralisé l'acide libre avec un peu de lessive de soude, on procède à l'essai avec la liqueur de Fehling. On répète la même opération avec un des tubes chauffés pendant six heures et si l'essai diffère du premier (ce qui arrive rarement) on chauffe de nouveau le dernier tube pendant trois heures et on dose la glucose; les résultats doivent concorder avec le deuxième essai.

On calcule pour 100 parties de farine, on retranche les matières sucrées dosées précédemment et on établit la proportion d'amidon en se rappelant que 100 parties de glucose correspondent à 90 parties d'amidon.

12. *Composition des farines destinées à l'armée.* — La composition des farines livrées par les entrepreneurs pour la fabrication du pain de troupe doit se rapprocher des données suivantes :

		POUR 100 PARTIES.
Eau		11 à 15
Matières minérales. { Farines tendres..		0.60 à 0.90
{ Farines dures....		1.10 à 1.30
Acidité		0.015 à 0.050
Cellulose		0.50 à 0.90
Amidon et sucre		66 à 72
Gluten humide (mi- { Farines tendres..		26
nimum) { — mitadines.		29
{ — dures....		35
Matières grasses		1 à 1.40

Une augmentation dans le poids des matières minérales, de la cellulose, du gluten et des matières grasses, c'est-à-dire des principes qui avoisinent l'enveloppe du grain de blé, trahit la présence des farines inférieures (*queues de mouture*).

Une augmentation de l'acidité jointe à la diminution

du gluten et des matières grasses, ainsi que l'odeur désagréable de ces dernières, caractérisent les farines anciennes.

Ce sont les deux principales défectuosités que l'on relève dans les farines livrées à l'administration de la guerre par les entrepreneurs militaires.

(*Revue du service de l'Intendance*, mai-juin 1893.)

TROISIÈME PARTIE

PAIN

« Les expériences de boulangerie sont plus délicates qu'on ne pense ; leur succès dépend souvent de la plus petite circonstance : il faut avoir mis réellement la main à la pâte et être demeuré longtemps auprès du pétrin et à la bouche du four pour se flatter de réussir. C'est là, et non dans le cabinet, que, conversant familièrement avec les ouvriers intelligents et se mettant quelquefois à leur place, on parvient à connaître les finesses du métier, et qu'on apprend qu'il n'y a pas de procédés plus soumis aux intempéries des saisons que ceux qui convertissent la farine en pain. » (PARMENTIER, *Manière de faire le pain de pomme de terre*. Paris, imprimerie Royale, 1779.)

TROISIÈME PARTIE

PAIN

Mémoire sur la panification.

Les expériences rapportées dans ce mémoire ont été faites en grande partie sur des produits provenant de la manutention militaire de Cambrai dirigée par M. Patez, dont l'administration de la guerre a pu apprécier la compétence pour toutes les questions qui se rattachent à la panification. Avant de les classer, je dirai quelques mots du pain de munition et de sa préparation.

§ I. — Le pain de munition ; sa préparation.

Les progrès incessants qui, depuis la fin du XVIᵉ siècle, ont amené en France la meunerie et la boulangerie à l'état de perfection où nous les trouvons aujourd'hui, étaient déjà considérables lorsqu'on se décida à apporter quelques réformes dans les boulangeries militaires.

Le pain de l'homme de guerre était autrefois préparé avec trois quarts de froment et un quart de seigle. Les grains étaient livrés au moulin sans subir de nettoyage, et la farine brute, obtenue par un seul passage sous la meule, était utilisée directement sans passer par les cribles.

Le pain que l'on en retirait, contenant la totalité du son, était gros, lourd, serré, impropre aux usages de la soupe, très prompt à s'altérer et par suite à porter atteinte à la santé des consommateurs.

En 1797, Parmentier, inspecteur général de la pharmacie militaire, s'efforça de faire adopter pour l'armée les améliorations qu'il avait réussi à propager ailleurs, soit par ses écrits, soit par la création, à Paris, d'une Ecole gratuite de boulangerie (1).

Dans un mémoire sur le pain des troupes lu à l'Institut le 21 brumaire au V, il s'élève contre la trop grande quantité de son laissée dans ce pain, expose tous les inconvénients qui en résultent et fait connaître les moyens (2) qu'il conviendrait d'appliquer pour obtenir, avec le moins de dépense possible, un pain de munition très sain et très substantiel.

Pour atteindre ce but, il est nécessaire, d'après Parmentier, d'utiliser toutes les parties constituantes du froment et d'extraire 20 livres de son par quintal de grains. Les grains seront soigneusement criblés. La mouture, « qui doit toujours être en rapport avec l'espèce de pain qu'on a dessein de fabriquer », se fera par deux passages successifs sous les meules ; dans le premier passage, on cherchera à atteindre le plus de farine possible, environ 60 pour 100 ; dans le second, on repassera les gruaux et les recoupettes de façon à compléter les 80

---

(1) Le premier cours fut fait par Cadet de Vaux, le 8 juin 1780.

(2) Les mêmes moyens auraient été proposés bien antérieurement par Parmentier, car on lit dans Buchoz (*Histoire générale et économique des trois règnes de la nature*, p. 154. Paris, Didot, MDCCLXXVII) : « Le pain de munition était autrefois composé de toute la farine avec le son sans être bluté ; mais depuis que Louis XVI est monté sur le trône, on a retranché par sac de farine 20 livres de son ; c'est une obligation que les troupes doivent à M. Parmentier, qui avait remis au Ministre un mémoire sur cet objet. » Nous n'avons pas trouvé traces de ce mémoire cité par Buchoz en 1777 ; dans tous les cas, la mesure proposée par Parmentier n'a certainement pas été appliquée d'une manière générale sous le règne de Louis XVI.

de farine par quintal de grains (c'est-à-dire à avoir en réalité des farines blutées à 20 pour 100). Le pétrissage devra avoir plus de développement. Les pains au four seront suffisamment espacés et, en les retirant, on évitera de les entasser avant qu'ils ne soient parfaitement ressués. Les récipients où l'on pétrit la farine et où l'on fait fermenter les pâtons seront brossés et lavés fréquemment, de façon à enlever les anciens débris de pâte qui peuvent se trouver dans les rainures et communiquer de l'aigreur au pain.

« Il n'y a que le pain des soldats, écrit-il (1), qui soit resté tel qu'il était à l'origine de la mouture. Ils voient les pauvres dans les hôpitaux où l'humanité les nourrit, les prisonniers dans les maisons de détention, le coupable dans son cachot, le condamné dans les fers, tous manger du pain infiniment meilleur que celui qui leur est distribué.

» Il est temps que sous un régime qui a l'égalité et la fraternité pour bases, ceux qui en ont été les premiers soutiens soient plus sainement et plus confortablement nourris.

» N'altérons pas par un intérêt mal entendu la subsistance alimentaire fondamentale des défenseurs de la patrie. »

Les guerres qui suivirent étouffèrent ce généreux et patriotique appel. Si l'on autorisa plus tard l'extraction de 15 livres de son par quintal de farine de méteil, ce ne fut que provisoirement et pour les seules troupes de la garnison de Paris. Le seigle ne disparut de l'alimentation du soldat qu'en 1823.

A partir de cette époque le pain de munition a été fabriqué avec des farines de pur froment blutées à 10 pour 100. (*Ordonnance du 2 octobre 1822.*)

---

(1) *Rapport sur le pain des troupes*, in *Mémoires de médecine, de chirurgie et de pharmacie militaires,* 2e série. t. XVII.

La mouture avait lieu en un seul tour de meule, d'après l'ancien système dit *à la grosse*. Tous les produits étaient mélangés et le blutage se faisait dans les magasins au moyen de cribles et de blutoirs manœuvrés à bras.

Les blés tendres seuls étaient employés. Les blés durs ne firent leur apparition qu'après l'occupation de l'Algérie. Le taux de blutage pour ces derniers blés fut fixé à 5 pour 100, en même temps qu'il fut porté pour les autres de 10 à 15 pour 100. (*Décision ministérielle du 5 novembre 1844.*)

Ces mesures appliquées aux troupes d'Afrique étaient insuffisantes et provoquèrent de nombreuses observations, notamment de Tripier, pharmacien en chef du corps expéditionnaire. Dans ses rapports à l'autorité militaire, il insiste fréquemment sur la nécessité d'enlever aux farines le plus de son possible. « Si l'estomac peut tolérer impunément dans les pays froids une certaine quantité de matière inerte, dit-il, il n'en est plus de même dans les pays chauds où l'appétit est moins développé. L'estomac est paresseux et demande des aliments légers, assimilables ; or, on sait que le son est réfractaire à l'assimilation et traverse l'économie sans être décomposé. Je voudrais que les règlements autorisassent pour l'armée d'Afrique la séparation de tout le son qu'ils font conserver dans les farines et le pain de munition, persuadé que cette mesure aurait une heureuse influence sur la santé des troupes.

» Il importe, dit-il encore, de chercher un perfectionnement au pain du soldat d'Afrique en suivant une voie différente de celle où l'on s'évertue depuis si longtemps à exalter le rendement des farines en conservant dans cet aliment le plus possible d'eau et de son.

» Les règlements veulent que sur 100 parties de blé dur envoyé au moulin on retrouve après le blutage 95 parties de farine. On appelle cela bluter à 5 pour 100. Or l'expérience démontre que la perte au moulin et au blutage s'élève à plus de 2 pour 100 : cette perte se compose d'une partie de la farine la plus fine et surtout de l'eau de végétation du grain ; le son n'y participe presque pas. Il en résulte qu'il n'y a que 3 parties de son éliminées sur 100 parties de blé.

» Le même calcul s'applique au blé tendre, qui perd plus que le blé dur au moulin et trois fois autant au blutage ; toutefois, comme la quantité réglementaire de farine à extraire de 100 parties de blé tendre n'est que de 85 parties, cette dernière variété est plus favorisée que le blé dur. Il conviendrait d'élever à 10 pour 100 le blutage du blé dur en Algérie : cette mesure aurait une importance incontestable, que la différence des climats n'a pas permis de bien apprécier en France mais qui saisit ici tous les esprits judicieux.

» Ecartez de l'alimentation du soldat d'Afrique tout ce qu'il sera possible de matières inertes. Ecartez du pain de munition le plus de son possible, éliminez tout ce surcroît d'eau qu'il a fallu jusqu'ici y renfermer pour satisfaire aux exigences du réglement, il deviendra plus parfait, plus digestif, d'une conservation mieux assurée, et, quelle que soit sa diminution de poids, il aura conservé toute sa puissance alibile, il n'aura perdu que des défauts.

» Tout ce qui a été fait jusqu'ici pour l'amélioration du pain de munition me semble avoir atteint un degré de perfectionnement qui ne saurait être notablement dépassé qu'en entrant dans la voie que je propose (1). »

Ces observations réitérées ne passèrent point inaperçues et contribuèrent au mouvement général qui allait se produire en faveur de l'alimentation des troupes.

Au commencement de 1850, on fit de nombreux essais pour introduire dans l'armée le pain des boulan-

---

(1) Extrait d'un *Rapport sur les perfectionnements à apporter au pain du soldat d'Afrique,* adressé à l'intendant en chef de l'armée en septembre 1847.

geries civiles. Les manutentions militaires qui jusqu'à ce jour avaient assuré le service cessèrent de fonctionner dans un grand nombre de places et les régiments furent autorisés à s'approvisionner directement dans le commerce. Ces essais ne furent point favorables. Appelés à exprimer leur opinion, les chefs de corps se prononcèrent à une forte majorité pour le retour à la ration individuelle d'un pain de munition amélioré, et la commission supérieure (1) chargée de centraliser les résultats obtenus déclara que « le bien-être du soldat, les intérêts du Trésor, le maintien de la discipline et les nécessités de l'administration et du commandement exigeaient le rétablissement immédiat du système manutentionnaire ». Elle recommanda en même temps des améliorations importantes dans la fabrication du pain de munition et dans l'examen des produits des manutentions militaires.

En conséquence, le service manutentionnaire fut rétabli en 1851. Les blés de troisième qualité ne furent plus admis; les appareils de criblage furent perfectionnés, les meules furent traitées avec plus de soin, le blutage mieux exécuté et les déchets de nettoyage, d'évaporation et de mouture, évalués à 3 pour 100, mis à la charge de l'Etat.

Dès lors le taux d'extraction fut effectivement de 15 pour 100.

Le pain obtenu laissant encore à désirer, de nouvelles expériences furent prescrites par le Ministre de la guerre et, à la date du 15 août 1853, le taux d'extraction du son pour les blés tendres fut élevé à 20 kilogrammes pour 100 kilogrammes de farine brute. C'était ce qu'avait demandé Parmentier en 1777.

---

(1) Cette commission était composée des généraux Oudinot, de Cramayel, Legendre, Reybell, Moreau; des intendants de Launay et Daignan; du médecin-inspecteur Bégin et du pharmacien-principal Poggiale.

Depuis 1853, les travaux publiés par Millon (1) sur les blés durs d'Algérie, en même temps qu'ils contribuèrent à faire connaître les rares qualités de ces blés, apportèrent encore quelques heureuses innovations dans les meuneries militaires.

Lorsque les ressources de l'administration de la guerre sont insuffisantes, comme c'est le cas aujourd'hui, la fabrication du pain peut être confiée à l'industrie privée. Ce pain se compose souvent des mêmes farines que le pain fabriqué dans les manutentions; toutefois les entrepreneurs sont autorisés à faire usage des farines du commerce, « sous la condition qu'elles soient exemptes de toute altération, falsification ou mélange, fraîches de goût et qu'elles soient d'une qualité équivalente aux farines réglementaires ».

D'après les règlements en vigueur, les farines tendres blutées à 20 pour 100 doivent fournir au maximum 140 kilogrammes de pain de munition par quintal et les farines dures blutées à 12 pour 100, 150 kilogrammes.

Les pétrissages s'opèrent à bras d'homme.

La fermentation panaire est obtenue avec des levains de pâte dans les conditions suivantes :

Le *levain-chef*, prélevé sur le levain de tout point d'un chargement précédent, est convenablement travaillé puis placé en corbeille, à une température favo-

---

(1) Parmi les mémoires de ce pharmacien militaire se rattachant à ce sujet, il convient de citer ceux qu'il a présentés à l'Académie des sciences sur *la composition des blés, leur classification, leur décortication, leur lavage et sur l'influence de cette opération sur les qualités du son, de la farine et du pain*. Comme bien des travaux de nos savants, ils ont été mieux appréciés à l'étranger qu'en France. « Le pauvre Millon mérite tous les regrets. Il paraît qu'on n'a pas été équitable envers lui et que ses beaux travaux, que nous estimons infiniment en Allemagne, n'ont pas été appréciés en France comme ils méritent de l'être. » (*Lettre de Liebig à Nicklès*, in *E. Millon, sa vie, ses travaux de chimie et ses études économiques et agricoles sur l'Algérie*, p. 99. Paris 1870).

rable, pendant quatre à cinq heures, suivant la saison. Lorsque son apprêt est terminé, on procède à un premier rafraîchissement au moyen d'une quantité d'eau tiède et de farine à peu près ·suffisante pour le quadrupler.

On a ainsi le *levain de première*, auquel on fait subir un apprêt de trois à quatre heures. Dès que le but est atteint, on opère un second rafraîchissement pour doubler ce levain; à cet effet, on incorpore, comme précédemment, à peu près la moitié plus de farine que d'eau.

Le levain de première devient dès lors *levain de seconde*; on lui donne à peine trois heures d'apprêt, puis on le double par un troisième rafraîchissement qui l'amène à l'état de *levain de tout point*. Ce dernier subit à son tour un apprêt de deux heures : il représente environ le tiers de la fournée à faire. On le pétrit avec de la farine et de l'eau salée, on laisse reposer pendant quelques instants, et, lorsque la pâte est au point convenable, on la met en pâtons. Ceux-ci sont maintenus dans des panetons pendant trente à cinquante minutes, suivant le temps d'apprêt, puis mis au four de façon à ce qu'ils ne se touchent que sur quatre points.

Les pains que l'on en retire sont à quatre baisures et doivent peser, après ressuage, 1,500 grammes, représentant la valeur de deux rations journalières de 750 grammes.

§ II. — Expériences sur les levains et les pâtes panifiables.

Dans un précédent mémoire, j'ai montré que le blé contient un ferment spécial, que ce ferment a pour point de départ les enveloppes qui entourent l'embryon et qu'il agit d'une façon particulière sur le gluten. On a vu comment, par suite des fluctuations incessantes de température et d'humidité auxquelles sont astreintes les farines dans les magasins, il peut provoquer, à la longue, leur altération en déterminant une véritable fermentation. Les faits suivants prouvent que c'est le même ferment qui produit la fermentation panaire.

Expériences. — 2 kilogrammes de son, provenant d'une mouture récente, ont été fortement triturés à la main pendant quelques minutes avec 4 litres d'eau froide. Le liquide obtenu par expression à travers un linge serré a été employé de suite à faire, dans des pétrins bien lavés, deux pâtons, l'un avec de la farine nouvelle et l'autre avec de la farine de six à sept mois.

D'autre part, on a préparé simultanément deux pâtons avec les mêmes farines et de l'eau ordinaire, en prenant des mesures pour écarter tout apport de levain.

Ces quatre pâtons ont été placés dans des panetons recouverts d'une couverture de laine et maintenus à une douce chaleur pendant cinq heures. A ce moment, le pâton préparé avec l'eau de son et la vieille farine présentait des traces manifestes de fermentation (1), le pâton préparé avec la farine nouvelle en présentait moins · et les pâtons préparés avec de l'eau ordinaire n'en présentaient pas.

On a procédé à un rafraîchissement général de ces pâtons avec un peu d'eau tiède et de la farine nouvelle, toujours en s'entourant de grandes précautions, et on les a remis dans leurs panetons respectifs, en ayant soin de les couvrir. Après six heures on a opéré, dans les mêmes conditions que précédemment, un nouveau rafraîchissement, et huit heures plus tard on avait, pour les pâtons à l'eau de son, d'excellents levains-chefs qui ont été utilisés très avantageusement, alors que des deux autres, un seul, celui de la farine ancienne, présentait des traces de fermentation.

---

(1) Les boulangers n'ignorent pas que les farines anciennes veulent moins de levain ou des levains moins forts que les farines nouvelles.

D'autres essais répétés à quelque temps de là, dans des conditions à peu près semblables, avec d'autres sons et d'autres farines, ont confirmé ces observations.

Si l'on jette sur filtre l'eau retirée par expression du son, et si l'on utilise seulement les résidus laissés sur le filtre, on obtient les mêmes résultats. Avec des résidus desséchés à une température modérée et conservés en flacon depuis un an, les résultats sont aussi satisfaisants (1).

COMPOSITION DES LEVAINS ET DES PATES PANIFIABLES

Dans les expériences qui suivent, j'ai cherché à me rendre compte de la composition des levains et des modifications qu'éprouve la farine en passant par les différentes phases de la panification. Les analyses portent sur l'eau, l'acidité, le gluten et le sucre : elles ont été faites comparativement d'après les indications exposées dans mon deuxième mémoire sur les farines. Le dosage de l'eau a été obtenu par la dessiccation sur des lames de verre rigoureusement tarées ; l'acidité, représentée en acide sulfurique monohydraté (SO^3HO) en délayant 10 grammes de pâte dans l'alcool à 90 degrés ; le gluten par un lavage continu sous un très mince filet d'eau et les matières sucrées par la liqueur cuprique.

A. — *Levain-chef prélevé à 7 h. 1/2 du matin et examiné de suite.* (15 mai 1884.)

	COMPOSITION pour 100.
Eau	40.04
Levain sec	59.96
	100.00

---

(1) Ces résidus ont été isolés du son frais en opérant le plus rapidement possible, car le ferment s'affaiblit par un contact prolongé avec l'eau. Je crois qu'on pourrait les employer aux armées en campagne.

	Trouvé pour 100 de levain à l'état normal.	Calculé pour 100 de levain à l'état sec.
Acidité..................	0.198	0.330
Sucre....................	1.19	1.98
Gluten humide............	10.80	18.00

B. — *Levain de première prélevé et examiné à 10 heures.*

	COMPOSITION pour 100.
Eau................................	42.54
Levain sec.........................	57.46
	100.00

	Trouvé pour 100 de levain à l'état normal.	Calculé pour 100 de levain à l'état sec.
Acidité	0.228	0.395
Sucre....................	1.31	2.26
Gluten humide	3.00	5.20

C. — *Levain de seconde prélevé et examiné à 1 heure.*

	COMPOSITION pour 100.
Eau................................	43.90
'Levain sec.........................	56.10
	100.00

	Trouvé pour 100 de levain à l'état normal.	Calculé pour 100 de levain à l'état sec.
Acidité	0.130	0.231
Sucre.....................	1.02	1.81
Gluten humide............	10.40	18.50

D. — *Levain de tout point prélevé et examiné à 4 heures.*

	COMPOSITION pour 100.
Eau................................	42.43
Levain sec.........................	57.57
	100 00

	Trouvé pour 100 de levain à l'état normal.	Calculé pour 100 de levain à l'état sec.
Acidité....................	0.175	0.303
Sucre.....................	1.10	1.91
Gluten humide............	10.00	17.40

E. — *Pâte panifiable prise au pétrin à 5 h. 1/2.*

	COMPOSITION pour 100
Eau...	47.62
Pâte sèche....................................	52.38
	100.00

	Trouvé pour 100 de pâte à l'état normal.	Calculé pour 100 de pâte à l'état sec.
Acidité......................	0.126	0.240
Sucre	0.97	1.84
Gluten humide............	11.00	21.00

F. — *Pâte panifiable prise dans les panetons à 7 heures, au moment de la mise au four.*

	COMPOSITION pour 100.
Eau...............................	47.57
Pâte sèche...........................	52.43
	100.00

	Trouvé pour 100 de pâte à l'état normal.	Calculé pour 100 de pâte à l'état sec.
Acidité....................	0.198	0.377
Sucre	0.91	1.73
Gluten humide............	10.60	20.20

G. — *Farine des levains et de la pâte panifiable (1).*

	COMPOSITION pour 100.
Eau...............................	13.35
Farine sèche........................	86.65
	100.00

	Trouvé pour 100 de farine à l'état normal.	Calculé pour 100 de farine à l'état sec.
Acidité....................	0.089	0.102
Sucre	1.13	1.30
Matières grasses............	0.98	1.13
Gluten humide............	28.00	32.00
Ligneux....................	0.76	0.87
Cendres	0.80	0.92

(1) Mélange de blé des Indes et de blé de Pologne.

D'après ces analyses et d'autres pratiquées dans les mêmes conditions et que je crois inutile de rapporter, il résulte que les levains contiennent moins d'eau que les pâtes panifiables, qu'ils sont plus acides et plus riches en sucres réducteurs. Dans les levains-chefs, l'acidité peut atteindre 0,350 pour 100, soit environ 0,6 pour 100 de levain desséché.

Le gluten que l'on retire des levains est plus visqueux, plus filant et plus difficile à rassembler que le gluten des pâtes : il est en moins grande quantité; par contre, les solutions aqueuses des levains présentent toujours une densité supérieure à celle des pâtes et elles renferment plus de matières albuminoïdes et plus de sucres réducteurs.

La discussion des résultats relatifs aux pâtes prises au pétrin et au moment de la mise au four, c'est-à-dire sur des produits en apparence les mêmes puisqu'il n'y a rien été ajouté, offre un intérêt tout particulier au point de vue de la fermentation panaire.

On voit durant cette courte période de moins de deux heures l'acidité aller en augmentant et le sucre en diminuant. Notons de suite qu'il y a une perte sensible d'eau provenant de la dessiccation superficielle des pâtons, que cette perte, d'après plusieurs épreuves de panification, peut être évaluée à 1,5 pour 100 et que le gluten est devenu plus fluide et plus visqueux.

L'acidité, qui était au début de $0^{gr},102$ pour 100 de farine desséchée, s'est accrue, jusqu'au moment de la pâte au pétrin, de $0^{gr},138$ ($0^{gr},240 — 0^{gr},102$), et jusqu'au moment de la mise au four, de $0^{gr},275$ ($0^{gr},377 — 0^{gr},102$). Pendant le même temps le sucre s'est élevé seulement de 1,30 à 1,84 pour descendre à 1,73. Là, comme dans les anciennes farines, l'acidité paraît être un produit de transformation du gluten sous l'influence du ferment. Ce fait ressort plus nettement des observations suivantes, où l'action du ferment a été plus prolongée.

H. — *Pâte panifiable prise au pétrin. (3 mai.)*

	COMPOSITION pour 100.
Eau.....................................	47.18
Pâte sèche............................	52.82
	100.00

	Trouvé pour 100 de pâte à l'état normal.	Calculé pour 100 de pâte à l'état sec.
Acidité....................	0.19	0.36
Sucre.....................	0.80	1.51
Gluten humide............	16.90	32.00

I. — *La même pâte conservée en lieu chaud pendant six heures dans un vase entouré d'une couverture de laine.*

	COMPOSITION pour 100.
Eau.....................................	45.29
Pâte sèche............................	54.71
	100.00

	Trouvé pour 100 de pâte à l'état normal.	Calculé pour 100 de pâte à l'état sec.
Acidité....................	0.343	0.626
Sucre.....................	0.78	1.42
Gluten humide............	»	»

Le gluten s'échappe sans qu'on puisse le rassembler. La perte résultant de la dessiccation de la pâte pendant les six heures a été de 3,4 pour 100. Avant de procéder aux dosages on a travaillé la pâte pendant quelques instants, dans le but de rendre la masse plus homogène; mais il restait encore de nombreux grumeaux provenant de la couche supérieure où s'était produite la dessiccation.

J. — *Pâte panifiable prise au pétrin. (5 mai.)*

	COMPOSITION pour 100.
Eau.....................................	48.01
Pâte sèche............................	51.99
	100.00

	Trouvé pour 100 de pâte à l'état normal.	Calculé pour 100 de pâte à l'état sec.
Acidité	0.175	0.336
Sucre	0.85	1.63
Gluten humide	16.20	31.00

Le gluten est visqueux; la pâte traitée par l'eau froide donne une solution de densité peu élevée.

K. — *La même pâte conservée en vase recouvert dans un lieu chaud pendant sept heures.*

	COMPOSITION pour 100.
Eau	47.48
Pâte sèche	52.52
	100.00

	Trouvé pour 100 de pâte à l'état normal.	Calculé pour 100 de pâte à l'état sec.
Acidité	0.431	0.820
Sucre	0.69	1.31
Gluten humide	»	»

Le gluten ne se rassemble pas; la pâte traitée par l'eau froide donne une solution de densité plus élevée que dans le cas précédent. Cette solution est laiteuse, riche en matières albuminoïdes : elle blanchit beaucoup par affusion d'eau froide.

PRODUCTION ET TRANSFORMATION DES MATIÈRES SUCRÉES PENDANT LA PANIFICATION

La production et la transformation des matières sucrées pendant la panification ayant été récemment mises en doute (1), je m'étendrai un peu plus longuement sur

---

(1) *La fermentation panaire*, par M. CHICANDARD (*Moniteur scientifique de Quesneville*, t. XIII, p. 932, et *Comptes rendus de l'Académie des sciences*, 28 mai 1883.)

Microbiologie, par M. DUCLAUX (*Encyclopédie chimique*, t. IX, p. 584.)

Voici textuellement ce qu'écrit M. Duclaux au sujet de la fermentation panaire :

« Ce serait certainement ici le lieu de placer l'étude de la fermenta

ce point. Dans les expériences qui précèdent et dans mes recherches antérieures sur les farines, j'ai dosé le sucre après avoir laissé les matières en contact avec l'eau froide pendant six heures à une température d'environ 15 degrés, mais en notant qu'après une heure de macération il n'y avait que des traces de sucre, et qu'au delà de six heures la quantité de sucre ne restait pas invariable et pouvait encore s'élever sensiblement. J'ai repris cette étude et elle m'a amené à conclure que le sucre ne préexiste pas dans le grain de froment et qu'il paraît être, de même que l'acidité, le résultat d'une transformation partielle du gluten et de l'amidon sous l'influence du ferment naturel du blé.

Voici un exposé sommaire de quelques expériences faites :

Exp. I. — On a délayé 100 grammes de farine dans 1,000 centimètres cubes d'eau froide, et le mélange, remué de temps à autre, a été maintenu, pendant le jour seulement, à une douce chaleur. Dans la liqueur surnageant, on a trouvé :

---

tion panaire, si elle nous était mieux connue. Ce n'est pas, en effet, une fermentation alcoolique, comme on le croit d'ordinaire, en se fondant sur ce que le boulanger peut faire lever sa pâte en y mélangeant de la levure de brasserie ou de la levure pressée. Le rôle de cette levure est inconnu. Ce qu'il y a de sûr, c'est qu'elle ne se développe pas et qu'il n'y a jamais de traces d'alcool formé ni dans le levain ni dans le pain. On y trouve, en revanche, développés par milliers, des bâtonnets de diverse nature et de diverse grandeur, auxquels il faut attribuer le dégagement gazeux qui gonfle la pâte. Ces êtres sont, en apparence, les mêmes que ceux qu'on rencontre dans le levain de boulangerie et qui est formé de pâte abandonnée à elle-même sans aucune addition de levure. Les germes de ces êtres microscopiques sont sans doute apportés en quantité suffisante par la farine et proviennent, comme ceux qui président à la formation de la chicha, de la surface du grain. Peut-être y en a-t-il qui, accidentellement, donnent de l'alcool ; mais ce que je peux affirmer, c'est que la fermentation panaire n'est pas une fermentation alcoolique produite par la levure de bière et que je n'ai même pas rencontré de cas où la fermentation s'accompagnât de la formation de l'alcool.

» On voit que cette question importante est à reprendre depuis ses origines. »

	SUCRE POUR 100cc de liquide. gr.	
De suite (24 février).	» »	Traces de réduction.
Après 7 heures....	0.13	Réduction peu nette, teinte violacée.
— 30 —	0.53	Réduction très nette.
— 50 —	0.64	— —
— 74 —	0.83	— —
— 4 jours.....	1.93	— —
— 6 —	1.40	Réduction moins nette, teinte violacée.
— 12 —	1.16	— — —

La liqueur a l'odeur de la colle ancienne ; elle est très acide et marque 1,021 au densimètre. Vers le quatrième jour, il y a eu léger dégagement de gaz.

Exp. II. — On a fait comparativement la même expérience en ajoutant au mélange quelques gouttes d'acide sulfurique, de façon à avoir une réaction franchement acide (1).

Après quatre jours, la liqueur ne paraît pas modifiée; traces de sucre.

Exp. III. — En substituant dans les mêmes conditions l'acide acétique cristallisable à l'acide sulfurique, on a obtenu :

	ACIDITÉ POUR 100cc de liquide. gr.	
De suite (24 février).	»	Traces de réduction.
Après 7 heures...	0.11	Réduction peu nette, teinte violacée.
— 30 — ...	0.36	Réduction très nette.
— 50 — ...	0.46	— —
— 4 jours....	0.48	Réduction moins nette, teinte violacée.

La solution a conservé une bonne odeur légèrement acétique ; elle marque au densimètre 1,009.

Si l'on remplace l'acide acétique par l'ammoniaque, le sucre n'apparaît pas. La liqueur, après quatre jours, répand une odeur putride, et il n'y a encore que des traces de sucre avec coloration violacée.

---

(1) J'ai prouvé que certains corps, tels que l'acide sulfurique, le chlorure de sodium, etc., s'opposent à l'hydratation du gluten; tandis que d'autres, comme l'acide acétique, l'alcool, etc., la favorisent.

Exp. IV. — Cette série d'expériences et les quatre séries qui suivent ont été entreprises simultanément sur la même farine (18 mars).

Le mélange de 50 grammes de farine avec 500 centimètres cubes d'eau ordinaire a donné :

	ACIDITÉ POUR 100^{cc} de liquide.	SUCRE POUR 100^{cc} de liquide.	
Après 1 jour...	0.023	0.26	Réduction nette.
— 2 jours..	0.115	0.25	Réduction moins nette, teinte violacée.

Après plusieurs jours l'acidité s'est élevée à 0,295 ; la liqueur cupro-potassique n'est plus réduite et prend une belle teinte violette très persistante.

L'acidité se détermine facilement à l'aide d'une solution de soude très étendue; la limite de sensibilité est accusée par le papier de curcuma, qui est préférable aux autres réactifs colorés.

Exp. V. — 50 grammes de farine traités par 500 centimètres cubes d'eau salée (à 10 pour 100 de chlorure de sodium) ont donné :

	ACIDITÉ pour 100^{cc}.	SUCRE pour 100^{cc}.		
Après 1 jour...	0.018	0.27	Réduction très nette.	
— 2 jours..	0.018	0.28	—	—

Le dépôt a été mis dans un linge à trame serrée que l'on a replié de façon à former un nouet, puis on a procédé à l'extraction du gluten sous un mince filet d'eau. On a retiré ainsi 12 grammes de gluten très consistant. Dans les mêmes conditions, on n'avait rien obtenu précédemment.

Exp. VI. — On a délayé rapidement 50 grammes de farine dans 500 centimètres cubes d'eau bouillante. On obtient ainsi un empois très consistant qui se conserve bien à la température de 15 degrés, et après quinze jours ne donne encore que des traces de sucre et d'acidité; odeur de colle ancienne.

Exp. VII. — On a mélangé 50 grammes de farine avec 100 centimètres cubes d'eau froide, et l'on a ajouté, en une fois, 400 centimètres cubes d'eau bouillante. On obtient un liquide sirupeux qui ne dépose pas et se conserve plusieurs jours à une douce chaleur sans altération profonde.

	ACIDITÉ pour 100cc.	SUCRE pour 100cc.	
Après 2 heures....	0.014	0.96	Réduction très nette.
— 1 jour......	0.028	1.93	— —
— 2 jours.....	0.112	2.23	— —
— 5 —	0.197	3.22	Réduction très nette, sans teinte violacée.

Exp. VIII. — On a mélangé 50 grammes de farine avec 100 centimètres cubes d'eau froide contenant quelques gouttes d'acide sulfurique, de manière à avoir une réaction franchement acide, puis on a versé 400 centimètres cubes d'eau bouillante. Le mélange est très sirupeux ; après plusieurs jours d'exposition à une douce chaleur, il s'est épaissi ; pas d'altération apparente.

	ACIDITÉ pour 100cc.	SUCRE pour 100cc.	
Après 2 jours.....	0.098	traces.	
— 3 —	0.12	—	
— 5 —	0.16	0.20	Réduction peu nette.

Exp. IX. — Un levain-chef prêt à être employé a donné (8 mai) :

	COMPOSITION pour 100.
Eau	42.50
Levain sec........................	57.50
	100.00

ACIDITÉ......	trouvée pour 100 de levain humide...	0.254
	calculée pour 100 de levain sec.....	0.441
SUCRE	trouvé pour 100 de levain humide....	0.72
	calculé pour 100 de levain sec.......	1.25
	trouvé pour 100 de levain sec........	1.90

Le même levain, neutralisé par l'eau ammoniacale et examiné comparativement, donnait :

COMPOSITION
pour 100.

Eau.. **42.72**
Levain sec..................................... **57.28**

100.00

Sucre .... { Trouvé pour 100 de levain humide.... **0.72**
{ Calculé pour 100 de levain sec....... **1.25**
{ Trouvé pour 100 de levain sec........ **1.30**

Il s'est produit $1^{gr},90 - 1^{gr},30 = 0^{gr},60$ pour 100 de sucre pendant la dessiccation, sous l'influence de l'acidité et de la chaleur.

On a observé que les solutions aqueuses faites avec les pâtes desséchées, où le ferment, par conséquent, a été détruit, ne renfermaient pas plus de sucre après vingt-quatre heures qu'après six heures.

Exp. X. — 25 grammes de résidu de son desséché comme on l'a indiqué plus haut, et *ne donnant pas de gluten par lavage à l'eau*, ont été triturés avec **250** centimètres cubes d'eau ordinaire (24 mars). Le mélange, remué assez fréquemment et conservé à une température de 12 à 15 degrés, contenait :

	ACIDITÉ pour 100cc	SUCRE pour 100cc	
Après 1 jour..	0.05	0.22	Réduction nette.
Après 2 jours.	0.08	0.35	— sans teinte violacée.

Un mélange semblable, maintenu à une douce chaleur, accusait, après deux jours, une acidité de $0^{gr},285$ et $0^{gr},9$ de sucre. Il n'a pas été observé de fermentation apparente.

Exp. XI. — L'eau dans laquelle on fait macérer des germes de blé blanchit peu à peu et présente l'aspect d'une émulsion. Au début, la réduction du cuivre est nulle, mais après un contact de vingt-quatre heures, à une douce chaleur, la réduction à chaud est très manifeste malgré les teintes violacées qui apparaissent. Cette réduction se produit également bien à froid.

Les germes ont été retirés un à un des sons des cylindres. On a opéré sur 5 décigrammes seulement, représentant environ un millier de germes plus ou moins endommagés par leur passage à travers les cylindres.

Exp. XII. — L'eau en contact pendant plusieurs jours avec du gluten fraîchement préparé et bien lavé ne donne que des traces de sucre, et la liqueur cuivrique prend une coloration violacée. Lorsque l'altération du gluten est avancée, il n'y a plus de réduction ; des gaz se dégagent, la densité de l'eau s'accroît et l'acidité devient considérable.

Exp. XIII. — On a mis 100 grammes de petit son dans 1,000 centimètres cubes d'eau tiède et on a maintenu ce mélange, pendant le jour seulement, à une douce chaleur (10 mars).

		sucre pour 100cc de liquide.		
Après	2 heures..	0.30	Réduction	assez nette.
—	6 — ..	0.70	—	très nette.
—	24 — ..	1.16	—	—
—	2 jours....	1.20	—	—
—	3 — ..	0.58	—	peu nette, coloration noire.
—	4 — ..	0.48	—	moins nette, coloration noire.

Il y a eu dégagement de gaz le deuxième et le troisième jour. La solution, qui était d'abord rougeâtre, a bruni le deuxième jour, puis elle est devenue blanchâtre, grisâtre et finalement assez noire. Le troisième jour, on percevait une odeur de levain et le quatrième jour, une odeur de poiré.

Le quatrième jour, la densité de la solution était 1,015 et son acidité 0,576 pour 100 centimètres cubes. On a pu retirer d'une partie de la solution, préalablement neutralisée, 30 centimètres cubes de liquide accusant 3 degrés à l'alcoomètre Salleron.

Exp. XIV. — 100 grammes du même son ont été mêlés à 1,000 centimètres cubes d'eau froide et le mélange maintenu à une température de 10 à 15 degrés.

<pre>
                    Sucre pour 100ᶜᶜ
                      de liquide.
Après   2 heures ....   traces   Coloration noire.
  —   4   —   ....   0.30   Réduction nette.
  —   24   —   ....   0.53   —
  —   2 jours   ....   0.70   —
  —   3   —   ....   0.72   —
  —   4   —   ....   0.72   Réduction moins nette, colora-
                                   tion noire.
</pre>

Pas de fermentation apparente. L'odeur a peu varié. Au début, la liqueur était blanchâtre, puis elle a bruni de plus en plus ; finalement, elle avait la coloration de la bière brune. Le quatrième jour, la densité était 1,009 et l'acidité, 0,213 pour 100 centimètres cubes.

Le liquide retiré par distillation n'accusait pas d'alcool au densimètre et ne réduisait pas le bichromate de potasse en présence de l'acide sulfurique.

Exp. XV. — On a repris l'essai XIII avec 100 grammes de gros son et 1,000 centimètres cubes d'eau tiède (20 mars).

La fermentation, provoquée par une douce chaleur, s'est manifestée rapidement et, après trente heures, on a pu constater, par distillation, la présence de l'alcool. Après quarante-huit heures, toute fermentation a cessé, et il n'y a plus de trace d'alcool dans le produit distillé.

La liqueur mère marque 1,018 au densimètre et son acidité est de 0,583 pour 100. La solution cuivrique prend une teinte noirâtre et indique peu de sucre. Les colorations brunes venant de l'enveloppe du blé ont été observées comme précédemment.

DISCUSSION DES RÉSULTATS OBTENUS

Cherchons maintenant à discuter ces résultats.

La production du sucre est manifeste et sa transformation ne l'est pas moins (Expériences I, IV, XIII, XIV, XV) : il donne de l'alcool et aussi de l'acide carbonique ainsi qu'on le prouvera plus loin pour le pain. Je rappellerai qu'une partie de ces faits est connue depuis longtemps et que Parmentier (1), dans ses écrits, désigne sous le nom d'*oxycrat* « une liqueur vineuse, assez agréable, tirant sur l'aigre », consommée autrefois par de pauvres cultivateurs pendant la saison chaude et obtenue avec une décoction de son que l'on passe à travers un linge et met en tonneau après y avoir délayé un levain de huit jours. On sait d'autre part qu'un bon levain que l'on vient d'entr'ouvrir répand l'odeur vineuse et qu'en pratiquant sur l'ouverture une légère aspiration on peut saisir une saveur faiblement alcoolique.

Le sucre et l'acidité dépendent bien du ferment naturel du blé, car, dès que celui-ci est mis en mouvement par l'eau et la chaleur, le sucre et l'acidité font leur apparition. (Expériences I, IV, XIII.)

J'ai montré autrefois que l'action de ce ferment pouvait être momentanément arrêtée par une basse température ou une température sèche, voisine de 100 degrés et qu'elle était détruite par l'eau bouillante; or, les expériences VI, XIV, prouvent que les farines en contact avec l'eau froide donnent peu de sucre et d'acidité et qu'elles n'en donnent pas avec l'eau bouillante. Une température douce est particulièrement favorable à l'évolution du ferment, et c'est pourquoi, dans le travail des pâtes, il est recommandé d'employer de l'eau ni trop chaude ni

---

(1) Les deux citations suivantes, que j'ignorais au moment où j'écrivais ces lignes, sont également de Parmentier :

« 50 pintes d'eau grasse des amidonniers distillées à feu nu donnent de l'alcool caractérisé par son inflammabilité et sa transformation en éther avec l'acide vitriolique. » (*Expériences et réflexions sur les blés et les farines*, p. 80. Paris, 1776.)

« La fermentation du levain ayant été regardée par M. Malouin comme spiritueuse (alcoolique), j'ai voulu m'assurer de son degré de spirituosité en distillant 6 livres de levain additionné d'une suffisante quantité d'eau : le premier produit est spiritueux et inflammable. » (*Traité sur la fabrication du pain*, p. 249. Paris, 1778.)

trop froide. Je rattacherai au même ordre d'idées le fait suivant, que je tiens de M. Patez, et qui a son importance si l'on se reporte à ce qui se passe aux armées en campagne.

De la farine provenant directement de sacs exposés au soleil avait été employée à faire du pain ; la panification, contre toute attente, car la farine était bonne, fut très pénible et le pain laissa à désirer ; le lendemain matin la même farine donnait une panification très régulière. L'influence de la chaleur sur le ferment est ici manifeste (1).

Les expériences X, XII et surtout les expériences II, V, VIII, où l'on fait intervenir des corps qui s'opposent à l'hydratation du gluten, montrent que l'acidité est intimement liée à cette hydratation. Le sucre, au contraire, se rattache plus directement à l'hydratation de l'amidon. C'est ce qu'indiquent les expériences X, et l'on fera remarquer à ce sujet que les rendements dans les anciens procédés de fabrication de l'amidon par destruction du gluten étaient toujours inférieurs d'environ 10 pour 100 aux rendements actuels.

La matière azotée semble intervenir dans les expériences XI. On sait, en effet, par les recherches histologiques de M. Aimé Girard sur le grain de froment (2), que l'embryon ne contient pas d'amidon ; toutefois, je

---

(1) En Algérie, j'ai eu l'occasion d'observer plusieurs fois que lorsqu'on laissait au soleil pendant quelques heures (température 45 degrés à 54 degrés) des liqueurs sucrées en pleine fermentation alcoolique, celle-ci s'arrêtait momentanément et ne reprenait que vingt-quatre heures après.

On pourrait multiplier les points de rapprochement entre les deux ferments : c'est ainsi que les boulangers ont reconnu que les eaux dures et crues de certains puits sont préférables aux eaux douces et courantes pour le travail de la panification. (BOLAND, *Traité pratique de la boulangerie*, p. 202. Paris, 1860.) Le même fait a été observé par les brasseurs pour la fabrication de la bière.

(2) Aimé GIRARD, *Composition chimique et valeur alimentaire des diverses parties du grain de froment (Annales de chimie et de physique*, 1884.)

dois reconnaître que les germes plus ou moins brisés sur lesquels j'ai opéré étaient souillés d'amidon. De même, dans les expériences XII, où les conditions d'ailleurs ne sont plus comparables, le gluten retient toujours des traces d'amidon.

On remarquera aussi que lorsqu'on favorise artificiellement l'hydratation du gluten par l'acide acétique ou l'ammoniaque, qui n'agissent pas sur l'amidon, la production du sucre n'est pas augmentée. (Expérience III.)

Enfin, les expériences II, VIII établissent que la saccharification ne doit pas être attribuée à l'acidité ; pour obtenir la saccharification sous l'influence des acides, il faut l'intervention d'une assez forte chaleur. (Expériences IX.) Les mêmes expériences semblent indiquer qu'une chaleur de 100 à 110 degrés sans l'acidité ne produit pas la saccharification.

On voit, en résumé, que le ferment du blé, sous l'influence de l'eau et de la chaleur, produit d'abord deux actions simultanées sur l'amidon et le gluten, et que ces actions se traduisent de suite par la présence du sucre et de l'acidité. Il est très difficile de préciser dans quelles limites s'accomplissent ces premières transformations. Les actions apparaissent ensuite si multiples que l'on serait tenté de faire intervenir à la fois plusieurs ferments spéciaux ; cependant, tenant compte de la façon dont elles se produisent graduellement, je crois à un ferment unique susceptible d'évolutions ou de sécrétions diverses, et je rattacherai au même ferment les décompositions ultérieures du sucre et de l'alcool, ainsi que ces colorations brunes qui peuvent expliquer la teinte du pain bis. (Expériences XIII, XIV, XV.) J'y rattacherai encore la disparition des matières grasses dans les anciennes farines et la production d'alcaloïdes dont je parlerai plus tard (1).

____

(1) Voir page 126.

TRANSFORMATION DES MATIÈRES GRASSES

Voici pour les matières grasses de nouvelles recherches exposées, comme les précédentes, en dehors de toute théorie :

Exp. XVI. — 5 grammes de farine épuisés par l'éther ont donné $0^{gr},053$ de matière grasse, soit $1^{gr},06$ pour 100.

5 grammes de la même farine chauffés à l'étuve et épuisés ensuite par l'éther ont donné :

Eau	0.68	soit pour 100	13.60
Matière grasse	0.048	—	0.96

5 grammes de la même farine additionnés d'un peu d'eau sur une lame de verre puis desséchés à l'étuve et épuisés par l'éther ont donné :

Matière grasse	0.015	soit pour 100	0.30

Dans les mêmes conditions, 10 grammes de farine ont fourni $0^{gr},025$, soit 0,25 pour 100, et 20 grammes, $0^{gr},040$, soit 0,20 pour 100.

Dans le premier cas, la matière grasse a une odeur agréable de farine; dans les autres cas, et surtout le dernier, où la chaleur a été plus élevée, l'odeur rappelle le pain cuit.

Exp. XVII. — Un pâton fait avec 40 grammes de farine et 20 grammes d'eau a été partagé très exactement en quatre lots de 15 grammes représentant par conséquent 10 grammes de farine. Ces quatre lots chauffés pendant des temps variables pesaient, à la sortie de l'étuve :

	gr.			gr.
Le premier	11.1	avec une perte d'eau de		3.9
Le second	10.2	—	—	4.8
Le troisième	8.8	—	—	6.2
Le quatrième	8.7	—	—	6.3

On a trouvé pour la matière grasse :

	gr.			gr.
1er lot.........	0.09	soit pour 100 de farine		0.90
2e —	0.09	—	—	0.90
3e —	0.04	—	—	0.40
4e —	0.04	—	—	0.40

Exp. XVIII. — Un pâton fait avec 20 grammes de petit son et 10 grammes d'eau a été divisé en deux portions égales qu'on a fortement desséchées à l'étuve. La proportion de matière grasse est sensiblement la même, 3,30 pour 100 de son.

Dans le son normal, traité directement par l'éther, on a trouvé 4,70 pour 100.

Ces recherches prouvent que pour doser les matières grasses dans les farines on doit éviter la dessiccation, qui est généralement recommandée, et opérer directement sur les produits non desséchés, comme je l'ai indiqué d'autre part (1).

Elles mettent en évidence la disparition de ces matières sous l'influence de l'eau et de la chaleur.

Si on les rattache aux expériences XI, où l'on est en présence de germes très riches en huile, on est autorisé à conclure que les matières grasses, de même que l'amidon et le gluten, subissent aussi une espèce d'hydratation et concourent ainsi que ces principes immédiats à la production du sucre et de l'acidité.

Ces hydratations sont de même nature que celles que j'ai observées pendant la germination des blés.

Les farines relativement riches en matières grasses se pétrissent aussi bien, sinon mieux, que celles qui en contiennent moins : c'est à tort que l'on a prétendu que la matière grasse gênait le travail de la panification (2).

---

(1) Voir page 100.

(2) Voir Péligot, *Mémoire sur la composition du blé* (*Annales de chimie et de physique*, 1850.)

§ III. — Expériences sur le pain.

Dès que la pâte est au four, le premier effet de la chaleur est d'arrêter la fermentation, de dilater les gaz et de vaporiser une partie de l'eau en torréfiant la surface. La quantité d'eau perdue par 1,750 grammes de pâte est d'environ 200 grammes (11,42 pour 100).

Au sortir du four, les pains, portés dans des paneteries bien aérées, sont posés de champ et autant que possible espacés les uns des autres, afin de favoriser le ressuage. Pendant les quatre premières heures ils perdent 1,5 à 2 pour 100 d'eau ; pendant vingt-quatre heures ils peuvent perdre jusqu'à 2,5 pour 100 (1).

La portion extérieure du pain, sous une épaisseur de 4 à 5 millimètres, représente la *croûte*, et le reste constitue la *mie*.

Dans un pain rassis de 1,500 grammes, il y a en moyenne 996 grammes de mie et 504 grammes de croûte, dont 259 pour la croûte supérieure : ces données correspondent à 34,6 de croûte et à 66,4 de mie pour 100 de pain, soit un tiers de croûte pour deux tiers de mie.

COMPOSITION DE LA CROUTE

La composition de la croûte totale est la suivante :

Eau....................................	24.66
Croûte sèche.........................	75.34
	100.00

---

(1) Moyenne de plusieurs fournées (M. Patez). Les expériences ont été faites, comme celles dont il sera question plus loin, sur des pains de munition à peu près de même poids (1,500 grammes) et de même forme (ronde avec un diamètre de 27 à 29 centimètres et une hauteur de 96 à 99 millimètres). Farine des levains et des pâtes examinée plus haut. (Expériences G.)

	MATIÈRE sucrée.	MATIÈRE grasse.
Trouvé pour 100 de croûte râpée.	2.07	0.52
Calculé pour 100 de croûte sèche.	2.72	0.69
Trouvé pour 100 de croûte desséchée et pulvérisée............	2.67	0.19

La croûte supérieure et la croûte inférieure (bien brossée), examinées séparément, présentent à peu près la même composition (1).

COMPOSITION DE LA MIE

On a obtenu pour la mie :

Eau...............................	47.82
Mie sèche.............................	52.18
	100.00

	MATIÈRE sucrée.	MATIÈRE grasse.
Trouvé pour 100 de mie râpée....	1.45	0.70
Calculé pour 100 de mie desséchée.	2.77	1.32
Trouvé pour 100 de mie desséchée et pulvérisée................	2.64	0.14

On remarquera que la mie ne contient pas moins d'eau que la pâte au moment de l'enfournement (expériences F, H, J), ce qui prouve que la perte d'eau provient exclusivement de la croûte. On remarquera de même que les chiffres trouvés pour les matières grasses et sucrées confirment ce qui a été dit plus haut sur la transformation de ces produits par la chaleur.

COMPOSITION DU PAIN

Le pain entier a donné :

Eau...............................	39.24
Pain sec.............................	60.76
	100.00

---

(1) Lorsque la croûte est brûlée, l'éther dissout, en même temps que la graisse, un produit noirâtre qui est soluble dans l'eau et la colore à la façon du caramel. Ce produit répand l'odeur particulière du pain trop fortement saisi par la chaleur du four.

	Trouvé pour 100 de pain à l'état normal.	Calculé pour 100 de pain à l'état sec.
Acidité...........	0.21	0.34
Sucre...........	1.80	2.79 trouvé 2.76
Matière grasse......	0.63	1.07 trouvé 0.18
Ligneux......	0.58	0.96
Cendres..........	0.90	1.48

Les analyses portent sur des segments de 350 grammes à 400 grammes représentant le quart d'un pain.

Le sucre a été dosé après dessiccation et macération du pain dans l'eau froide pendant six heures; après une macération plus prolongée les résultats sont presque les mêmes.

La matière grasse a été retirée, d'une part, du pain râpé non desséché et, d'autre part, du pain desséché pendant vingt-quatre heures à 100 degrés et pulvérisé.

En se reportant aux expériences F, G, on constate que l'acidité est restée ce qu'elle était dans la pâte panifiable, et que les matières grasses et sucrées seules se sont modifiées.

L'augmentation des cendres vient du sel, qui est ajouté dans la proportion de 4 kilogrammes pour 1,000 rations, soit 0^{gr},53 pour 100 de pain.

Pour le pain de première qualité de la boulangerie civile (pains ronds de 25 centimètres de diamètre sur 90 millimètres de hauteur), les résultats diffèrent peu des précédents et proviennent uniquement de la qualité ou plutôt du taux de blutage des farines employées.

Eau..............................	36.5
Pain sec......	63.5
	100.0

	Trouvé pour 100 de pain à l'état normal.	Calculé pour 100 de pain à l'état sec.
Sucre...........	1.33	2.11
Matière grasse......	0.45	0.70 trouvé 0.13 (1).
Ligneux..........	0.36	0.59
Cendres..........	0.60	0.95

(1) M. Boussingault (*Analyses comparées du biscuit de gluten et de*

La croûte et la mie ont fourni, d'autre part, en matières grasses :

	POUR 100.
Mie (râpée) avant dessiccation..........	0.51
— après —	0.09
Croûte (râpée) avant dessiccation........	0.36
— après —	0.14

COMPOSITION DU BISCUIT

La composition moyenne du biscuit de guerre obtenu sans sel ni levain est la suivante :

Eau.....................................	12
Biscuit sec.............................	88
	100

	Trouvé pour 100 de biscuit à l'état normal.
Acidité...............................	0.06
Sucre.................................	2.60
Matières grasses......................	0.16
Ligneux...............................	0.86
Cendres...............................	0.74

Il s'agit de biscuits en galettes carrées de 13 centimètres de côté sur 16 millimètres d'épaisseur (poids moyen, 200 grammes) conservés depuis plusieurs mois dans des caisses ordinaires et préparés avec des farines ressuées ayant au moins trente jours de mouture.

La proportion d'eau varie légèrement avec l'état hygrométrique de l'air. Un biscuit desséché pendant vingt heures à 100 degrés a perdu 12,60 pour 100 d'eau et a repris, après une série de jours très humides, un maximum de 11,25 pour 100 d'eau.

Dans de semblables conditions un segment de pain de même poids a perdu 34,3 pour 100 d'eau et n'a repris à l'air que 11,8 pour 100.

---

quelques aliments féculents (**Annales de chimie et de physique**. 5e série, t. V, 1875) a trouvé 0gr,2 pour le pain des boulangers de Paris. J'ai opéré sur des produits probablement plus desséchés.

GAZ CONTENUS DANS LE PAIN

J'ai fait sur les gaz contenus dans le pain quelques essais que je vais rapporter sommairement :

Exp. I. — Un pain rassis de 1,500 grammes, ayant un volume d'environ 5,100 centimètres cubes, porté rapidement sous une grande cloche en verre dans une cuve remplie d'eau, a donné par expression à l'aide d'une serviette, préalablement disposée à cet effet sous la cloche, 1,200 centimètres cubes de gaz dont la composition correspond exactement à celle de l'air.

Exp. II. — La même expérience faite sur un pain retiré du four depuis une heure a donné des résultats analogues.

Exp. III. — Avec un pain sortant *directement* du four, le gaz est peu à peu absorbé par l'eau : il ne reste que quelques centimètres cubes d'air.

Exp. IV. — Les expériences répétées sur la cuve à mercure avec des petits pains sans baisures d'une centaines de grammes ont prouvé qu'à la sortie immédiate du four les pains ne donnent sous la cloche pleine de mercure que de l'eau et de l'acide carbonique (1). Un quart d'heure après la sortie on trouve un mélange d'eau, d'oxygène, d'azote et d'acide carbonique. Plus tard, le ressuage étant terminé, il n'y a que de l'air : l'acide carbonique et l'eau ont disparu.

C'est donc à tort que l'on attribue la production des *rides* du pain à l'acide carbonique seul; la vapeur d'eau y joue le plus grand rôle et se comporte comme avec le gluten humide qu'elle dilate lorsqu'on le chauffe.

---

(1) Buchoz (*loc. cit.*) cite, d'après Boerhaave, le cas d'une personne qui serait morte en entrant dans une chambre dans laquelle on avait mis du pain à la sortie du four. Le fait s'explique de lui-même par la présence de l'acide carbonique.

Dès que le pain est retiré du four la vapeur se condense en se saturant d'acide carbonique et l'air entre par
les baisures avec une facilité dont on se rend compte
quand on voit la rapidité avec laquelle le mercure pénè-
tre dans un pain que l'on plonge dans une cuve à mercure.

§ VI. — Conclusions générales.

1. La fermentation panaire est produite par le ferment
naturel du blé. C'est à ce ferment mis en mouvement
par l'eau et la chaleur qu'il faut rattacher les phénomènes observés pendant la panification. (Transformations
du gluten et de l'amidon, production d'alcool et d'acide
carbonique, coloration du pain bis.)

Dès le début le gluten se modifie : il s'hydrate, devient
visqueux et, sous cet état, communique à la pâte ce liant,
cette cohésion que l'amidon seul est impuissant à donner.
Il constitue comme un réseau mobile dans lequel se trouvent emprisonnés les gaz au fur et à mesure de leur production. Plus tard, en se durcissant au four, il assure au
pain sa forme définitive.

L'un des points les plus délicats de la panification
consiste à bien saisir le moment où le gluten va atteindre son maximum de cohésion soit dans les levains, soit
dans les pâtes. Lorsque l'action du ferment s'est trop
développée, le gluten rendu fluide n'a plus la force de
retenir les gaz intérieurs ; ceux-ci s'échappent et les
pains s'aplatissent. Dans un bon travail cette action doit
se produire naturellement et graduellement : j'ai cherché à la provoquer, mais sans succès réel, en favori-
sant l'hydratation du gluten à l'aide de l'acide acétique
et de l'alcool.

En même temps que le gluten, l'amidon s'hydrate
aussi, et ces deux principes immédiats concourent à la

production de l'acidité et du sucre, qui ne semblent pas préexister dans le blé (1).

Parmi les produits de transformation ultérieure du sucre, on trouve de l'alcool et de l'acide carbonique (2).

Toutes ces actions, suivant la conduite du ferment dans les levains et les pâtes, s'enchaînent et se développent avec une régularité, une sûreté que l'on ne saurait obtenir par des moyens artificiels (pains chimiques sans levure) (3).

2. Les pâtes panifiables renferment plus d'eau que les levains et le gluten s'y trouve dans un état de viscosité moins avancée. Elles sont moins acides et moins riches en sucres réducteurs.

L'acidité d'un levain, représentée en acide sulfurique monohydraté, peut atteindre 0,35 pour 100 ; celle du pain, avant comme après la sortie du four, est de 0,15 à 0,20 pour 100.

Un bon levain pendant son apprêt double de volume ; il surnage dans l'eau en conservant sa forme.

3. La pâte au four se dilate, se durcit et perd de l'eau en passant à l'état de pain ; toute la perte porte sur la croûte, car la mie ne contient pas moins d'eau que la pâte au moment de l'enfournement.

Sous l'influence de la chaleur le sucre augmente et les matières grasses diminuent : il y a plus de sucre et

---

(1) Dans un important travail paru récemment, M. L. Boutroux n'admet pas la formation du sucre en quantité appréciable aux dépens de l'amidon. D'après lui, « la fermentation panaire consiste essentiellement en une fermentation alcoolique normale du sucre préexistant dans la farine, auquel s'adjoint peut-être du sucre formé par saccharification d'une trace d'hydrate de carbone plus attaquable que l'amidon ». L. BOUTROUX. *Sur la fermentation panaire* (*Annales de chimie et de physique*, 6ᵉ série, t. XXVI, juin 1892).

(2) M. Aimé GIRARD (*Sur la fermentation panaire*, in *Comptes rendus de l'Académie des sciences*. 14 septembre 1885) a trouvé que l'alcool et l'acide carbonique se produisaient exactement dans les proportions qui caractérisent la fermentation alcoolique.

(3) Pain Dauglish, pain Liebig, pain Horsford, pain Wimer, etc. (V. *Encyclopédie Rorel*, BOULANGER, t. I, p. 205-266.)

moins de matières grasses dans la croûte que dans la mie.

La dilatation du pain est amenée par la vapeur d'eau et l'acide carbonique produit pendant la panification. Dès que le pain est retiré du four, la vapeur se condense et l'air extérieur pénétrant dans les vides l'en chasse peu à peu (ressuage du pain).

4. Le pain de munition tel qu'on l'obtient aujourd'hui présente un tiers de croûte pour deux tiers de mie. Sa composition diffère notablement de celle qu'on lui donne encore dans des ouvrages récents ; elle est représentée en centièmes par les moyennes suivantes :

Eau............................	39.00
Acidité........................	0.15
Matières azotées...............	9.00
— grasses.................	0.63
— sucrées	1.80
Ligneux.......................	0.55
Cendres.......................	0.90
Matières amylacées (par différence)...	47.95
	100.00

A la sortie du four il renferme 40 à 41 pour 100 d'eau ; il perd environ 2 pour 100 pendant le ressuage. Après une exposition de six heures dans une paneterie bien aérée, on peut dire que le pain est complet et possède l'ensemble de ses qualités. Il n'est livré aux troupes que vingt-quatre heures après sa préparation, et consommé trop souvent longtemps après. Il est trop rassis et a déjà perdu une partie de ses excellentes qualités, notamment cette odeur et cette saveur si appétissantes que ne donnent jamais les farines premières du commerce. Il y aurait lieu de solliciter à ce sujet de l'autorité militaire une modification aux règlements en vigueur.

(*Journal de pharmacie et de chimie*, 5e série, t. XII, 1885 ; — *Science et Nature*, 1884-1885.)

Nouvelles expériences sur le pain et le biscuit.

Les expériences que je publie aujourd'hui font suite au *Mémoire sur la panification* que j'ai présenté à l'Académie des sciences en 1885 et qui a paru *in extenso* dans le *Journal de pharmacie et de chimie* de la même année. Commencées, il y a longtemps, dans des conditions défavorables, elles ont pu être menées à bonne fin au laboratoire d'expertises des Invalides, depuis que l'administration centrale de la guerre m'a associé plus directement à ses travaux.

§ I. — Sur la température intérieure du pain sortant du four.

La température a été prise sur des pains ronds et sur des pains longs d'environ 1 kilogramme. A la sortie du four, la croûte, suivant la forme du pain, était percée, à l'aide d'un poinçon, sur le côté ou sur l'un des bouts, de façon à faciliter l'entrée immédiate d'un thermomètre à mercure très sensible. Au moment de la mise au four, le pyromètre accusait en moyenne 275 degrés ; quinze minutes plus tard, il marquait 270 degrés et, après trente minutes, à la sortie du pain, la température était voisine de 260 degrés. La température intérieure du pain a toujours été comprise entre 97 degrés et 100 degrés ;

elle n'a jamais dépassé 100 degrés (1), même lorsque l'on portait à quarante minutes le temps de la cuisson, qui est généralement de trente minutes. Cette température baisse progressivement, et ce n'est qu'après cinq à six heures que le pain a pris la température du milieu ambiant.

Voici quelques indications fournies par un pain de 1,100 grammes, mesurant 0^m,49 de long, 0^m,15 de large et 0^m,08 de haut :

Pain sortant du four......................	98°
Après 15 minutes........................	83°
— 30 —	66°
— 45 —	54°
— 1 heure......................	45°
— 1 — 30......................	39°
— 2 heures......................	29°
— 2 — 30......................	24°
— 3 —	21°
— 3 — 30......................	18°
— 4 —	16°
— 5 —	14°
— 6 —	11°
Température du milieu ambiant..........	11°

En opérant sur un pain rond de 3^k,760 ayant 0^m,33 de diamètre sur 0^m,14 d'épaisseur, Boussingault (2) a trouvé autrefois 97 degrés pour la température du pain sortant du four et vingt-quatre heures pour la période de refroidissement.

§ II. — Sur l'eau contenue dans le pain et le biscuit au moment de leur consommation habituelle.

1. — Avant de prendre le pain dans son entier, il convient d'examiner séparément la croûte et la mie. On

----

(1) Voir page 226.
(2) BOUSSINGAULT, *Expériences ayant pour but de déterminer la cause de la transformation du pain tendre en pain rassis* (*Annales de chimie et de physique*, 1852.)

s'est efforcé autant que possible d'avoir une croûte dépourvue de mie, sans se préoccuper de l'épaisseur qui a varié entre 2 et 5 millimètres.

	EAU POUR 100.	
	Mie.	Croûte.
Pains de munition ordinaires (1,500 gr.)...	46.3	24.3
	49.4	25.2
Pains ronds de 1 kilogramme	38.5	23.0
	41.3	17.6
	42.5	17.2
Pains longs de 1 kilogramme	42.0	21.1
	42.5	17.2
	46.0	21.1
	47.7	20.0
Pains à café de 70 grammes	39.8	16.9
	45.6	15.8

D'après ces chiffres, qui représentent les écarts les plus forts que nous ayons observés, on voit :

1° Qu'il n'y a pas de relations entre la quantité d'eau contenue dans la mie et dans la croûte des pains de même poids et de même forme;

2° Que la proportion d'eau contenue dans la mie et dans la croûte est indépendante du poids du pain et de sa forme, et qu'elle peut atteindre, dans les deux cas, un écart de 9 à 11 pour 100.

Pour la mie, l'écart vient de la quantité d'eau (variable comme on le sait) prise par la farine pendant le travail de la pâte. Quelques minutes de plus ou de moins dans un four plus ou moins chauffé ont, pour la mie, moins d'importance que ne l'admet Rivot (1); mais pour la croûte il en est autrement.

2. — On comprend déjà, par ce qui précède, que plus un pain sera riche en croûte, moins il contiendra d'eau; en d'autres termes, la quantité d'eau contenue dans un pain est en rapport avec la forme de ce pain. C'est ce qui ressort plus nettement des faits suivants :

---

(1) Rivot, *Note sur l'examen des farines et des pains* (*Annales de chimie et de physique*, 1856.)

A. — *Pain de munition ordinaire (4 baisures) :*

Diamètre 285ᵐᵐ, hauteur 95ᵐᵐ ;
Poids (vingt-quatre heures après la sortie du four) : 1,480 grammes. — Mie 990 grammes, croûte 490 grammes.
Pour un pain de 100 grammes (calculé) : mie 66ᵍʳ,9, croûte 33ᵍʳ,1.
Eau dans le pain entier : 39,7 pour 100.

B. — *Pain rond (grignes sans baisures) :*

Diamètre 225ᵐᵐ, hauteur 85ᵐᵐ.
Poids (vingt-quatre heures après la sortie du four) : 760 grammes. — Mie 564 grammes, croûte 196 grammes.
Pour un pain de 100 grammes : mie 74ᵍʳ,2, croûte 25ᵍʳ,8.
Eau dans le pain entier : 34,7 pour 100.

C. — *Pain long non fendu, grigné :*

Longueur 510ᵐᵐ, largeur 120ᵐᵐ, hauteur 75ᵐᵐ.
Poids (vingt-quatre heures après la sortie du four) : 728 grammes. — Mie 510 grammes, croûte 218 grammes.
Pour un pain de 100 grammes : mie 70 grammes, croûte 30 grammes.
Eau dans le pain entier : 34,0 pour 100.

D. — *Pain à café :*

Longueur 145ᵐᵐ ; largeur 55ᵐᵐ ; hauteur 40ᵐᵐ.
Poids (douze heures après la sortie du four) : 68 grammes. — Mie 39 grammes, croûte 29 grammes.
Pour un pain de 100 grammes : mie 57ᵍʳ,3, croûte 42ᵍʳ,7.
Eau dans le pain entier : 30,0 pour 100.

E. — *Pain long non fendu :*

Longueur 625ᵐᵐ, largeur 125ᵐᵐ, hauteur 75ᵐᵐ. — Poids : 990 grammes.
Eau dans le pain entier : 33.6 pour 100.
Eau dans la mie : 47,7 pour 100.
Eau dans la croûte : 20,0 pour 100.
Eau dans 150 grammes de pain pris au milieu : 35,5 pour 100.
Eau dans 150 grammes de pain pris à l'un des bouts : 31,0 pour 100.

Cette dernière expérience prouve qu'il n'est pas indifférent de prendre telle partie du pain pour évaluer sa teneur en eau. Avec les pains ronds, on peut, à la rigueur, comme le conseille Millon (1), opérer sur un segment de 150 grammes allant à angle aigu du centre du pain à la circonférence ; mais il est préférable, comme pour tous les pains, de les partager en deux ou quatre parties aussi symétriques que possible, et d'opérer la dessiccation sur la moitié ou le quart. C'est sans doute en opérant différemment que plusieurs auteurs ont trouvé dans certains pains jusqu'à 48 et 50 pour 100 d'eau, c'est-à-dire autant que dans la mie la plus hydratée (2).

3. — L'eau contenue dans le biscuit de troupe, d'après de très nombreuses observations, est comprise, suivant la saison, entre 11 et 14 pour 100. Elle s'y trouve uniformément répartie ; il n'y a pas de différence entre les parties internes et la croûte extérieure détachée sur une épaisseur de 2 à 3 millimètres.

§ III. — **Sur les variations de poids et de volume éprouvées par le pain depuis sa sortie du four jusqu'à sa dessiccation spontanée à l'air libre.**

1. — Nous examinerons comme précédemment les variations éprouvées par la croûte et par la mie avant de passer au pain entier.

La croûte, à quelque espèce de pain qu'elle appartienne, laissée à l'air libre, perd plus ou moins d'eau,

---

(1) Millon, *De la proportion d'eau et de ligneux contenue dans le blé et dans ses principaux produits (Annales de chimie et de physique*, 1849.)

(2) Il convient d'autant plus d'insister sur ce point qu'on trouve dans des ouvrages classiques des indications dans le genre des suivantes : « Dans les conditions ordinaires, l'eau contenue dans le pain est l'élément le plus essentiel à connaître; ce dosage s'exécute en desséchant à l'étuve, à la température de 110 à 115 degrés, *une vingtaine de grammes de pain* ». (Péligot, *Traité de chimie analytique appliquée à l'agriculture,* p. 393. Paris, Masson, 1883.)

suivant son état d'hydratation. Dès qu'elle ne retient plus que 12 à 14 pour 100 d'eau (après deux ou trois jours), le poids reste à peu près invariable.

Il en est de même pour la mie, et l'on remarque que son volume est réduit. Ainsi, un morceau de mie bien développée, pesant 47 grammes et ayant la forme d'un parallélipipède de 80^{mm} de long, 60^{mm} de large et 50^{mm} de haut ne mesure plus, après sa dessiccation spontanée (au bout de huit jours) que 65^{mm} de longueur, 50^{mm} de largeur et 40^{mm} de hauteur.

Le pain entier perd aussi de son poids jusqu'à ce qu'il arrive à ne retenir que 12 à 14 pour 100 d'eau, c'est-à-dire à n'avoir que la quantité d'eau normalement contenue dans le blé et les farines. La durée de la dessiccation est très variable et dépend naturellement d'une foule de circonstances (poids du pain, sa forme, son épaisseur; légèreté de la mie; état de sécheresse du local, sa température, etc.).

Exp. I. — Un pain long de 1,060 grammes (longueur 490^{mm}, largeur 140^{mm}, hauteur 80^{mm}), pris une demi-heure après sa sortie du four, a subi les variations de poids suivantes;

1891. —	20 octobre	1060 gr.
	21 —	1048
	22 —	1034
	23 —	1019
	24 —	1010
	25 —	999
	26 —	990
	27 —	982
	28 —	970
	29 —	952
	30 —	938
	31 —	915
	1er novembre	912
	2 —	906
	3 —	899
	4 —	890
	5 —	882

6 novembre	....	874
7 —	....	864
8 —	....	858
9 —	....	852
10 —	....	849
11 —	....	847
12 —	....	843
13 —	....	840
14 —	....	837
15 —	....	834
16 —	....	831
17 —	....	826
18 —	....	826
19 —	....	826
20 —	....	825
21 —	....	820
22 —	....	820
23 —	....	812
24 —	....	807
25 —	....	802
26 —	....	799
27 —	....	795
28 —	....	792
29 —	....	790
30 —	....	790
3 décembre	....	790
10 —	....	790

Le pain a donc perdu 270 grammes, soit 25,6 pour 100 ; à ce moment, il retenait encore 13 pour 100 d'eau. Le volume est resté le même ; la croûte a peu changé, s'est fendillée, mais la mie présentait de nombreuses crevasses avec moisissures.

Exp. II. — Trois pains ronds A, B, C d'une ration obtenus avec 900 grammes de la même pâte ont été mis à sécher dans le même local et pesés chaque jour à la même heure.

Le pain A a été laissé au four (température 320 degrés) pendant dix minutes (croûte molle, mince, peu colorée ; diamètre 200^{mm}, épaisseur 60^{mm}).

Le pain B, pendant vingt minutes (croûte ordinaire ; diamètre 200^{mm}, épaisseur 70^{mm}).

Le pain C, pendant trente-cinq minutes (croûte très dure, diamètre 200ᵐᵐ, épaisseur 80ᵐᵐ).

		A	B	C
1891. — 27 novembre....		866 gr.	818 gr.	778 gr.
28 —		839	798	766
29 —		815	780	755
30 —		799	769	749
1er décembre...		784	755	737
2 — ...		768	743	727
3 — ...		759	736	719
4 — ...		750	730	715
5 — ...		741	720	710
6 — ...		734	711	704
7 — ...		725	704	695
8 — ...		714	693	685
9 — ...		698	684	677
10 — ...		694	678	671
11 — ...		686	669	663
12 — ...		678	662	656
13 — ...		670	655	650
14 — ...		662	650	645
15 — ...		657	645	639
16 — ...		648	640	635
17 — ...		640	633	627
18 — ...		628	625	618
19 — ...		620	617	611
20 — ...		610	608	602
21 — ...		605	604	598
22 — ...		598	600	593
23 — ...		593	595	588
24 — ...		588	575	584
25 — ...		587	577	582
26 — ...		588	575	583
27 — ...		586	590	583
28 — ...		582	589	580
29 — ...		581	590	580
30 — ...		580	589	578
31 — ...		583	587	580
1892. — 1er janvier.....		580	585	578
2 —		578	584	575
3 —		574	587	572
4 —		573	583	570
5 —		573	580	570
6 —		571	578	570
7 —		573	576	573
8 —		570	576	570

Le premier pain se trouve avoir perdu 296 grammes, soit 34,1 pour 100 ; le second, 243 grammes, soit 28,4 pour 100, et le troisième 208 grammes, soit 26,7 pour 100. Il restait dans les trois entre 13 et 14 pour 100 d'eau. Le volume n'a pas varié, mais, comme précédemment, la croûte s'est fendillée et la mie offrait de grandes crevasses avec traces de moisissures.

Exp. III. — Petits pains à café de 60 à 70 grammes :

Ils perdent leur maximum de poids en huit ou dix jours pour ne retenir en moyenne que 13 pour 100 d'eau. Le volume n'est pas changé, la croûte et la mie sont en parfait état.

Exemples :

A. — 25 novembre	66gr,5	
26 —	64	5
27 —	62	5
28 —	61	0
29 —	60	0
30 —	59	0
1er décembre	58	5
2 —	58	0
3 —	57	0
4 —	56	5
5 —	56	5
11 —	56	0
B. — 17 décembre	66	0
19 —	61	0
21 —	57	5
24 —	55	7
27 —	56	3
6 janvier	56	4
C. — 18 décembre	62	0
19 —	59	0
21 —	55	0
24 —	52	6
27 —	53	0

Exp. IV. — Des pains semblables, maintenus dans un courant d'air sec ayant traversé l'acide sulfurique et venant d'une soufflerie activée par la pression de l'eau, ne retiennent plus que 12 pour 100 d'eau après vingt-quatre heures. En les laissant plusieurs jours, ils perdent encore 5 à 6 pour 100 d'eau et deviennent cassants. Remis à l'air libre, ils reprennent, suivant l'état hygrométrique, un maximum de 12 à 14 pour 100 d'eau, mais restent aussi friables; c'est exactement ce qui se produit avec les pains ou les biscuits desséchés à l'étuve.

Exp. V. — 312 grammes de pain ordinaire, après vingt-quatre heures d'étuve, pesaient 209 grammes et ont acquis, à l'air libre, un poids maximum de 239 grammes. Ces 239 grammes contenaient donc 30 grammes d'eau, soit 12,6 pour 100.

. 37 grammes de pain à café, pesant 26^{gr},2 après dessiccation, ont repris 30^{gr},4 qui renferment par conséquent 4^{gr},2 d'eau, soit 13,8 pour 100.

40 grammes de croûte anhydre ont repris 46^{gr},5; c'est alors de la croûte à 13,3 pour 100 d'eau.

15 grammes de mie anhydre reprennent 17^{gr},1; c'est de la mie à 14 pour 100 d'eau.

Un biscuit ordinaire de 192 grammes a pesé, à la sortie de l'étuve, 167 grammes et, plus tard, 191 grammes; il contenait donc, à ce moment, 12,3 pour 100 d'eau.

2. — Au sortir du four, la mie présente une composition homogène; l'eau est uniformément répartie, mais l'équilibre est bientôt rompu avec la dessiccation qui s'étend graduellement vers le centre.

Dans un pain long d'un kilogramme laissé à l'air pendant deux jours, on a trouvé :

	EAU pour 100.
Dans la croûte......................	23.1
Dans la mie voisine de la croûte...........	43.6
Dans la mie au centre..................	44.9

Pour un pain rond de 800 grammes les résultats ont été, après cinq jours :

	EAU pour 100.
Dans la croûte	25.7
Dans la mie voisine de la croûte	39.4
Dans la mie, plus rapprochée du centre	46.2
Dans la mie au centre	47.7

3. — Le biscuit sortant du four renferme le plus souvent de 12,5 à 14,5 pour 100 d'eau; dans ce cas, il ne perd que 1 à 3 pour 100 par le fait de sa dessiccation spontanée à l'air libre. Il arrive parfois que le biscuit, sortant du four, contienne moins de 10 pour 100 d'eau (j'ai trouvé un minimum de 9,3); il reprend alors du poids pour revenir à la proportion d'eau ordinaire, mais il reste cassant. Le même fait se produit avec les biscuits que l'on repasse quelquefois au four pour en prolonger la conservation.

Le volume depuis la sortie du four n'est pas modifié.

§ IV. — Sur les variations de poids éprouvées par le pain et le biscuit pendant leur immersion dans l'eau.

Les échantillons sortant de l'eau étaient égouttés, pendant une minute, avant d'être placés sur la balance. Dans certains cas, nécessités par l'état des échantillons, l'immersion était faite dans une capsule tarée : le temps de l'expérience écoulé, on versait l'eau, on attendait une minute, on enlevait de nouveau l'eau et l'on pesait.

1. — La croûte et la mie plongées dans l'eau à la température ordinaire retiennent des quantités d'eau très variables : 100 grammes de croûte peuvent prendre de 350 à 450 grammes d'eau, alors que 100 grammes de mie ne prennent que 200 à 300 grammes.

Avec la croûte et la mie déshydratées, la prise d'eau offre moins d'écart; elle est comprise pour les deux entre 400 et 500 grammes.

100 grammes de pain ordinaire, suivant la qualité de la mie, prennent 250 à 350 grammes d'eau. Avec les

mêmes pains, desséchés spontanément à l'air, la prise d'eau la plus forte atteint 400; avec les pains anhydres, elle est de 500 grammes.

Les petits pains à café prennent quatre à cinq fois leur poids d'eau; les mêmes pains, desséchés à l'étuve ou à l'air libre, prennent six fois leur poids d'eau.

100 grammes de biscuit de troupe ne prennent que 200 à 250 grammes d'eau.

2. — La prise d'eau est plus ou moins rapide, comme le prouvent les exemples ci-après :

A. *Pain ordinaire, mie peu développée;* le volume calculé pour 100 grammes de pain est de 250 centimètres cubes.

B. *Pain ordinaire, mie très développée;* le volume pour 100 grammes est d'environ 320 centimètres cubes.

C. *Petit pain à café de 70 grammes;* le volume pour 100 grammes est approximativement de 350 centimètres cubes.

D. *Biscuit de troupe;* le volume pour 100 grammes est assez rapproché de 220 centimètres cubes.

QUANTITÉ D'EAU PRISE PAR 100 GRAMMES, APRÈS UNE IMMERSION DE :

	10 minutes.	15 minutes.	30 minutes.	1 heure.	3 heures.	24 heures.
A	135gr	150gr	180gr	190gr	»	»
B	»	170	225	238	»	»
C	»	425	455	480	»	»
D	75	95	110	162	218	240.

Dans l'eau chaude (70 à 80 degrés), l'augmentation de poids atteint son maximum en quelques minutes. Les échantillons ayant servi aux expériences suivantes ont la même origine que les précédents :

QUANTITÉ D'EAU PRISE PAR 100 GRAMMES, APRÈS UNE IMMERSION DE :

	5 minutes.	10 minutes.	15 minutes.	30 minutes.	1 heure.
A	140gr	203gr	250gr	300gr	300gr
C	550	592	592	»	»
D	150	220	250	280	285

3. — Il était intéressant de s'assurer si le pain, spontanément desséché à l'air, ne perdait pas, avec le temps, la propriété d'absorber l'eau. J'ai pu me procurer quelques fragments de pains (1), conservés depuis de longues années, qui ne laissent aucun doute à cet égard.

	EAU pour 100.
Pain de 30 ans................	11.1
Pain de 30 ans................	14.0
Pain de 40 ans..............	13.7
Pain de 50 ans................	11.9

La prise d'eau s'est comportée comme avec nos pains spontanément desséchés à l'air. Elle a été, pour 100 grammes :

Pain de 30 ans................	243^{gr}
Pain de 30 ans..............	300
Pain de 40 ans..............	385
Pain de 50 ans..............	271

4. — J'ai encore étudié ce que devient un pain placé, à sa sortie du four, dans une atmosphère saturée d'humidité (sous une cloche reposant sur l'eau). Les résultats suivants, confirmés par d'autres expériences, montrent que la mie perd de l'eau, que la croûte en gagne et que le poids du pain dans son ensemble ne varie pas.

Un bout de pain long, de 212 grammes, a été, à sa sortie du four, partagé en deux parties symétriques de 106 grammes; dans l'une, on a séparé la mie de la croûte. Les trois lóts, mis sous cloche et pesés chaque jour ont donné :

---

(1) Dans certaines régions de la France (Bresse), pour la fête de sainte Agathe (5 février), on faisait autrefois bénir des pains que l'on se partageait dans les campagnes et auxquels on attribuait la propriété d'écarter la foudre et les incendies. Dans d'autres (Auvergne, Normandie, etc.), les femmes relevant de couches avaient coutume de faire bénir un pain qui était ensuite partagé entre les principaux membres de la famille. Telle est l'origine des fragments dont il est ici question.

		PAIN.	MIE.	CROUTE.
21 décembre	......	106^{gr}	67^{gr}	39^{gr}
22 —	......	106	63	40
23 —	......	106	62	41
24 —	......	106	61	42
25 —	......	106	60	43
26 —	......	106	59	43.5
27 —	......	106	58.5	43.5
28 —	......	106	58	44.5
29 —	......	106	57.5	45
30 —	......	106	57	45.5
31 —	......	106	57	46
1er janvier	......	106	56	46

A ce moment, les échantillons sont envahis par les moisissures; le pain contient 37,3 pour 100 d'eau; la mie 37,7 pour 100 et la croûte 28,9 pour 100.

§ V. — Conséquences.

1. D'après nos expériences, la mie du pain, prise en particulier, renferme ordinairement 38 à 49 pour 100 d'eau et la croûte 16 à 25 pour 100. Il en résulte qu'au point de vue alimentaire 100 grammes de croûte représentent assez exactement 135 grammes de mie. A poids égal, il y a donc avantage à avoir des pains riches en croûte; le degré d'hydratation d'un pain est, en effet, en rapport direct avec la forme de ce pain. Un pain rond de 1,500 grammes contient 39 pour 100 d'eau, alors qu'un pain rond de 750 grammes, obtenu avec la même pâte, n'en contient que 35 pour 100 et qu'un pain long du même poids (longueur 0^m,50) n'en renferme que 33 à 34 pour 100.

En remplaçant le pain de munition de 1,500 grammes (deux rations) par deux pains de 750 grammes à une ration (1) et en adoptant, de préférence, la forme lon-

---

(1) Antérieurement à la Révolution, la ration journalière du soldat était de deux pains de 12 onces. L'once valant 31^{gr},25, on voit que la ration était la même qu'aujourd'hui ; mais les farines étaient un

gue, on aurait, avec les mêmes farines, un *pain de repas* supérieur à tous les points de vue au pain actuel.

2. Le pain sortant du four mis en lieu sec et suffisamment aéré se dessèche lentement jusqu'à ce qu'il arrive à ne retenir que 12 à 14 pour 100 d'eau, c'est-à-dire à n'avoir que la quantité d'eau normalement contenue dans le blé et les farines. Le temps de la dessiccation, qui est de trente à quarante jours pour des pains de 750 grammes, n'est plus que de huit à dix jours pour des petits pains longs de 70 à 100 grammes. Ces derniers, après dessiccation spontanée à l'air libre, ne contiennent pas plus d'eau que le biscuit ordinaire et sont susceptibles d'une aussi longue conservation. Ils trempent dans l'eau, le thé, le café, le lait et le bouillon, mieux que le *pain de soupe* ordinaire du soldat et conservent cette propriété pendant de longues années. Ils peuvent prendre, pour ainsi dire instantanément, cinq à six fois leur poids d'eau, alors que le biscuit en prend à peine son poids. J'ai reconnu, après nombre d'essais, qu'on atteint ce résultat avec des pains dont le volume, à poids égal, est sensiblement le double de celui du biscuit (plus exactement 350 centimètres cubes à 400 centimètres cubes pour 100 grammes, le volume du biscuit étant de 220 centimètres cubes à 230 centimètres cubes pour 100 grammes). Les farines doivent être blutées à 30 pour 100 ; la levure doit être substituée au levain et la fermentation panaire aussi régulière que possible. Pour éviter que le pain ne se fendille, la température du four sera peu élevée, afin d'avoir une croûte plutôt molle que trop dure ; de plus, le pain sera laissé pendant le premier jour dans un local modérément chauffé avant d'être exposé à la température de l'air extérieur.

---

mélange d'un tiers de seigle pour deux tiers de froment, sans extraction de son, alors qu'elles sont actuellement de pur froment et blutées à 20 pour 100.

On a ainsi un véritable *pain de réserve*, incontestablement supérieur à tous les biscuits, et dont on pourrait assurer le renouvellement en le substituant, à raison de 200 grammes par jour, aux 250 grammes de *pain de soupe* alloués aujourd'hui à chaque soldat avec les 750 grammes de *pain de repas*.

Pour favoriser l'emmagasinage, il semble que l'on puisse obtenir des pains de 100 grammes, ayant la forme de cylindres, de prismes triangulaires ou quadrangulaires de $0^m,20$ de longueur et présentant une surface à peu près lisse, sans fissures, de façon à éviter le passage des insectes.

C'est aux boulangers à trancher la question.

(*Revue du service de l'intendance*, septembre–octobre 1892).

Sur la température intérieure du pain sortant du four.

Dans une note à l'Académie (*Comptes rendus* du 31 octobre 1893) résumant des expériences que je venais de terminer sur le pain et le biscuit, j'ai avancé que la température intérieure du pain sortant du four, généralement comprise entre 97 et 100 degrés, ne dépasse pas cette dernière température. J'opérais sur des pains de 1 kilogramme, dont la croûte, à la sortie du four, était percée à l'aide d'un poinçon de façon à faciliter l'entrée immédiate d'un thermomètre à mercure très sensible.

En apprenant mes résultats, M. Aimé Girard me fit connaître qu'il avait obtenu 101 degrés, mais en plaçant des thermomètres à maxima ordinaires dans l'intérieur des pains avant leur cuisson.

J'ai repris mes premières études dans les conditions indiquées par M. Aimé Girard, en me servant de ses thermomètres et d'autres, de moindre dimension, soigneusement contrôlés.

Les expériences ont été faites au laboratoire central de l'administration de la guerre aux Invalides et à la manutention de Billy.

LABORATOIRE DES INVALIDES

Le four dépendant du laboratoire d'expertises des farines est un four Biabaud pour 60 kilogrammes de pain, dont on ne se sert que quatre à cinq fois par semaine; il est muni d'un pyromètre Damaze à base de mica.

Exp. I. — Avec deux pains semblables, A et B, de 750 grammes (forme longue), laissés au four pendant quarante minutes. La température du four était de 300 degrés à l'entrée du pain et de 265 degrés à la sortie.

$$A \dots \dots \quad 100°,2$$
$$B \dots \dots \quad 99°,8$$

Exp. II. — Avec deux pains semblables de même poids et de même forme; l'un, A, laissé au four pendant trente-deux minutes, et l'autre, B, pendant une heure. La température du four était de 302 degrés au moment de l'enfournement, de 275 degrés à la sortie de A et de 225 degrés à la sortie de B :

$$A \dots \dots \quad 100°,8$$
$$B \dots \dots \quad 101°,0$$

Exp. III. — Avec deux pains semblables de même poids et de même forme ; l'un, A, laissé au four pendant vingt-huit minutes, et l'autre, B, pendant une heure. La température du four était de 294 degrés au moment de l'enfournement, de 256 degrés à la sortie de A et de 225 degrés à la sortie de B :

$$A \dots \dots \quad 101°,0$$
$$B \dots \dots \quad 101°,0$$

Exp. IV. — Avec deux pains semblables, de 1,500

grammes (forme longue); l'un, A, retiré du four après une heure quinze minutes, et l'autre, B, après une heure vingt-cinq minutes :

$$A\ldots\ldots\ldots\quad 99°,2$$
$$B\ldots\ldots\ldots\quad 100°,6$$

Exp. V. — Avec deux pains semblables de 2 kilogrammes, retirés l'un et l'autre après une heure dix minutes d'exposition au four :

$$A\ldots\ldots\ldots\quad 100°,8$$
$$B\ldots\ldots\ldots\quad 100°,8$$

Exp. VI. — Avec de petits pains longs de 150 grammes à 300 grammes laissés au four pendant vingt à quarante minutes la température a été comprise entre 100°,5 et 101°,5 ; une fois, elle s'est élevée à 105°, mais le réservoir du thermomètre était pris en partie dans la croûte.

Exp. VII. — Avec des pains-galettes de même poids, la température n'a également dépassé 101°,5 que lorsque le thermomètre était encastré dans la croûte.

MANUTENTION DE BILLY

Le four Lamoureux qui nous a servi peut cuire 270 kilogrammes de pains ; les fournées se succèdent sans interruption, nuit et jour. Il n'y a pas de pyromètre, mais la température n'est certainement pas inférieure à celle du four du laboratoire des Invalides.

1. Avec les pains de munition ordinaires (ronds, à quatre baisures, pesant 1,500 grammes après quarante-cinq minutes de cuisson) on a obtenu de 100°,5 à 101°,5.

2. Avec trois pains semblables, mais sans baisures

(par suite ne communiquant point entre eux au four),
on a eu 102 degrés, 102 degrés et 103°,6. Dans le dernier cas, le réservoir du thermomètre touchait à la croûte
inférieure.

3. Avec un pain de 750 grammes, fait avec de la
pâte non levée (pâte à biscuit), le thermomètre a mar-
qué 101 degrés.

4. Avec les biscuits de guerre (non percés de trous
et d'une épaisseur de 15 à 20 millimètres), les résultats
sont incertains, le thermomètre étant influencé par le
voisinage de la croûte. On a obtenu jusqu'à 110 degrés.

CONCLUSIONS

On est autorisé à conclure de ces expériences faites
dans des fours différents, sur des pains et des galettes de
poids et de formes variables, avec de la pâte levée ou
non levée, que la température de la mie pendant la cuisson du pain atteint de 100 à 102 degrés (1), celle de la
croûte, qui ne peut se former à cette température, étant
bien supérieure. Au delà de 100 degrés, la vapeur d'eau
emprisonnée dans la croûte se trouve maintenue sous une
certaine pression ; lorsque cette pression fait défaut par
suite d'une fissure de la croûte, et c'était le cas dans nos
premiers essais, la température ne dépasse pas 100 degrés.

(*Comptes rendus de l'Académie des sciences*, t. CXVII,
1893.)

---

(1) M. GRAHAM (*La chimie de la panification*, p. 139. Paris, O. Doin,
1882), admet, sans autrement préciser, qu'à l'intérieur du pain, la chaleur ne dépasse *guère* 212 degrés Fahrenheit, c'est-à-dire la température de l'eau bouillante.

Sur la stérilisation du pain et du biscuit sortant du four.

Par MM. Balland et Masson, pharmaciens principaux de 2e classe.

Une eau contaminée peut-elle être employée impunément pour la panification ? En d'autres termes : « Les germes apportés par l'eau servant à la panification peuvent-ils conserver leur activité dans le pain après cuisson ? »

L'étude de cette question, prescrite par le Ministre de la Guerre aux Comités techniques de l'Intendance et de Santé, qui nous ont chargé d'en préparer les éléments, comprend nécessairement l'examen des causes susceptibles de provoquer la destruction des microorganismes pendant le travail de la panification. Or, ces causes se rattachent essentiellement, d'une part, à l'acidité des pâtes, et, d'autre part, à la température à laquelle ces pâtes sont soumises dans le four.

ACIDITÉ DES PATES

Il est acquis que la pâte du pain de munition, au moment de l'enfournement, a une acidité moyenne, représentée en acide sulfurique monohydraté par $0^{gr},15$ à $0^{gr},20$ pour 100, soit approximativement 0,29 à 0,38 pour 100 de pâte à l'état sec ; dans la mie, après cuisson, la proportion est sensiblement la même (1). Il s'agit de pains préparés avec levains, d'après les instructions du Règlement sur le service des subsistances militaires. Dans les pains obtenus avec la levure de grains, tels qu'on les trouve dans beaucoup de boulangeries parisiennes, l'acidité est toujours moins forte. C'est ainsi qu'en faisant usage des mêmes farines nous avons obtenu : avec les levains, $0^{gr},146$ pour 100 de pâte et, avec la levure seule, $0^{gr},055$ pour 100. Ces acidités correspondent, dans le premier cas, à $0^{gr},272$ pour 100 de pâte privée d'eau, et, dans le second cas, à $0^{gr},104$ pour 100 (2). C'est là un point important à noter pour ceux qui reprendront l'étude si complexe des fermentations panaires.

Dans le biscuit de troupe ordinaire fait avec de la pâte non levée, l'acidité, au moment de la mise au four, se rapproche davantage de l'acidité normale des farines employées ; elle s'en écarte, néanmoins, par suite de la fermentation spontanée qui se produit pendant le travail des pâtes (en moyenne de deux heures), mais elle ne dépasse guère $0^{gr},070$ pour 100, correspondant à $0^{gr},10$ pour 100 de pâte déshydratée.

---

(1) BALLAND, *Mémoire sur la panification* (*Journal de pharmacie et de chimie*, 5e série, t. XII, 1885.) Voir page 208.

M. BARILLÉ (*Etude d'un procédé de panification qui utiliserait la matière azotée du son*, in *Archives de médecine et de pharmacie militaires*, t. XVII, 1891, p. 236), a trouvé $0^{gr},363$ pour 100 de pain desséché.

(2) L'acidité des levains-chefs peut atteindre $0^{gr},35$ pour 100 de pâte à l'état normal (soit 0,60 pour 100 de levain sec).

D'après M. le pharmacien-major Maljean, l'acidité de la bonne levure fraîche à 73 pour 100 d'eau serait de 0,70 à 0,74 pour 100. (MALJEAN, *Analyses de quelques levures de grains du commerce*, in *Revue du Service de l'Intendance militaire*, mai-juin 1893.)

TEMPÉRATURE INTÉRIEURE DES PATES PENDANT LA CUISSON

Les expériences entreprises au laboratoire central de l'administration de la guerre et à la manutention de Billy, suivant le procédé de M. Aimé Girard, ont établi (*Comptes rendus* du 16 octobre 1893), que la température du four, au moment de l'enfournement, étant de 300 degrés, tombait vers 260 degrés après cuisson du pain et du biscuit de troupe, c'est-à-dire après cinquante à soixante minutes.

Pendant ce temps, la température intérieure du pain atteint de 100 à 102 degrés. Pour le biscuit qui a la forme de galettes carrées ($0^m,130$ de côté sur $0^m,018$ d'épaisseur) percées à jour de trente-six trous, la température n'a pu être déterminée, mais elle doit se rapprocher de 115 degrés, car, avec des galettes non percées, on a obtenu jusqu'à 110 degrés (Voir p. 229).

ACTION DE LA CHALEUR ET DE L'ACIDITÉ SUR LES MICROORGANISMES

On sait que l'ébullition, même prolongée au delà d'une heure, peut ne pas être suffisante pour priver l'eau de tous ses germes. Certaines spores (spores des bacilles du foin, de la terre des jardins et de la pomme de terre) supportent l'action de la vapeur d'eau à 100 degrés pendant deux et trois heures, et ne sont tuées rapidement qu'à une température supérieure à 115 degrés.

D'autre part, dès 1861, M. Pasteur appelait l'attention sur ce fait que l'ébullition du lait ne le rend pas stérile, tandis que d'autres liquides, l'eau de la levure de bière, l'urine acide, le moût de bière, le moût de raisin se conservent sans altération après une ébullition de quelques instants. La cause de ces différences, d'après M. Pasteur, tient à ce que le lait a une réaction neutre ou légèrement alcaline, tandis que les autres liquides ont une réaction acide ; si l'on sature l'eau de levure par du carbonate de chaux, l'ébullition ne suffit pas pour la stériliser (1).

De son côté, M. Chamberland a prouvé que, du moment où l'acidité du milieu est égale à $0^{gr},245$ d'acide sulfurique par litre, on ne voit jamais apparaître d'organismes microscopiques après moins de dix minutes d'ébullition. Toutefois, à ce degré d'acidité, les milieux ne sont pas stériles, au vrai sens du mot, car ils peuvent encore renfermer des germes susceptibles de se développer dans les liquides neutres ou légèrement alcalins : ce n'est que lorsque l'acidité est supérieure à 1,225 par litre que la stérilité est complète (2).

Partant de là et des faits exposés plus haut, il était à prévoir que le pain et le biscuit de nos manutentions militaires étaient stériles à la sortie du four. C'est ce qui résulte scientifiquement des expériences bactériologiques suivantes, faites à l'hôpital militaire de Vincennes.

EXAMEN BACTÉRIOLOGIQUE DU PAIN

Exp. I. — Pain de la manutention de Vincennes :

Des fragments de mie, prélevés de façon à éviter tout ensemencement accidentel, sont introduits dans un matras contenant 100 centimètres cubes d'eau distillée stérilisée.

Après douze heures de macération à 20 degrés et

---

(1) Pasteur, *Mémoire sur les corpuscules organisés qui existent dans l'atmosphère ; examen de la doctrine des générations spontanées* (*Annales de médecine et de physique*, 3e série, t. LXIV, 1862, p. 62.)

(2) Chamberland, *Recherches sur l'origine et le développement des organismes microscopiques* (*Annales scientifiques de l'Ecole normale supérieure*. Supplément au t. VII, année 1878, p. 82 et 87).

d'agitation répétée, quatre tubes de gélatine nutritive reçoivent 1 centimètre cube du liquide surnageant.

Après dix jours de macération et d'agitation, quatre nouveaux tubes reçoivent de même 1 centimètre cube de liquide.

Les huit tubes sont demeurés stériles.

Exp. II. — Pain des malades fourni à l'hôpital militaire de Vincennes par la boulangerie civile:

Mêmes opérations que dans l'expérience précédente; mêmes résultats négatifs.

Exp. III. — Pain de la manutention du quai de Billy :

Vingt bouillons simples sont ensemencés directement avec des fragments de mie et maintenus à la température ambiante de 20 degrés environ.

Les vingt bouillons restent limpides.

Exp. IV. — Pain de la manutention du quai de Billy.

Trente bouillons légèrement alcalins (dix bouillons simples, dix à 1 pour 100 de peptone, dix à 1 pour 100 de sucre) sont largement ensemencés avec des fragments de mie et maintenus à 38 degrés dans l'étuve à incubation.

Dans cette expérience, on a réalisé, conformément aux indications de M. Chamberland, les conditions les plus favorables au développement des germes susceptibles d'activité après avoir été exposés à la température de 100 degrés.

Après quinze jours, deux bouillons se sont troublés : un bouillon simple et un bouillon à 1 pour 100 de sucre.

Exp. V. — Pain de la manutention du quai de Billy ;

Vingt bouillons simples sont ensemencés et maintenus à la température ambiante de 20 degrés.

Dès le troisième jour, quatorze bouillons sont troublés,

dont dix par le même bacille, qui paraît être un *bacillus subtilis*.

Exp. VI. — Le résultat précédent étant au premier abord inexplicable, on procède concurremment à deux nouvelles séries d'ensemencements : une avec le même pain, une autre avec un pain de la manutention de Vincennes.

Les dix bouillons ensemencés avec le premier sont tous troublés dès le troisième jour.

Les dix bouillons ensemencés avec le pain de Vincennes restent tous limpides.

Informations prises, le pain qui a donné lieu à des cultures provenait d'une fabrication exceptionnelle, faite à la manutention du quai de Billy avec de *la levure de grain*. Ce pain, qui avait très bon aspect, a été rapidement envahi par une culture intense *d'aspergillus niger*. L'acidité de sa mie était très faible, de 60 pour 100 inférieure à l'acidité moyenne de la mie de pain préparé aux levains.

Exp. VII. — En vue de vérifier le fait précédent, deux séries d'ensemencements sont pratiquées avec la mie de deux pains de luxe provenant d'une boulangerie civile et faits avec la même farine. L'un de ces pains était préparé aux levains, l'autre à la levure de bière : l'acidité de ce dernier était de 50 pour 100 plus faible.

Dix bouillons ensemencés avec le premier sont restés limpides ; sur dix autres, ensemencés avec le pain de levure, six se sont troublés.

EXAMEN BACTÉRIOLOGIQUE DU BISCUIT

Exp. I. — Biscuit de la manutention du quai de Billy :

Le biscuit est ouvert de façon à le diviser en deux valves ; puis, à l'aide d'une pince flambée, la face interne de la valve supérieure est fouillée en divers points à distance des trous. Des parcelles plus ou moins volumineuses et pulvérulentes de biscuit sont ainsi prélevées et introduites dans trois matras contenant 100 centimètres cubes d'eau stérilisée; chaque matras a reçu environ 2 grammes de biscuit.

Trois séries de six tubes de gélatine nutritive ont ensuite été ensemencées, chaque série avec le contenu de l'un des trois matras :

La première série, après une heure de macération et d'agitations répétées ;

La deuxième, après vingt-quatre heures;

La troisième, après quatre jours.

Les trois matras sont restés limpides, et les dix-huit tubes de gélatine sont restés stériles.

Exp. II. — Biscuit de la manutention du quai de Billy :

Vingt bouillons neutres sont ensemencés directement avec des parcelles de biscuit prélevées comme ci-dessus.

Les vingt bouillons, maintenus à la température ambiante de 20 degrés, restent tous limpides.

Exp. III. — Biscuit du quai de Billy :

Trente bouillons légèrement alcalins (dix bouillons simples, dix à 1 pour 100 de peptone, dix à 1 pour 100 de sucre), sont ensemencés avec des parcelles de biscuit et maintenus à 38 degrés dans l'étuve à incubation.

Après quinze jours, un seul bouillon s'est troublé.

Au premier abord, cet ensemencement positif, unique, pouvait être considéré comme accidentel; mais un examen plus approfondi a montré que le microbe provenait bien du biscuit, où ses spores avaient conservé leur activité.

En effet, ce microorganisme, essentiellement aérobie, présente les caractères du *bacillus subtilis;* en bâtonnets cylindriques, se développant en longs filaments sporulés, produisant à la surface du bouillon un voile épais et ridé, et donnant en piqûre sur la gélatine un cône de liquéfaction en forme de têtard. De plus, ses cultures sporulées additionnées d'acide acétique, de façon à obtenir une acidité de 3 pour 1000, portées à 100 degrés pendant une demi-heure, ne sont pas stérilisées. La stérilisation absolue n'a été obtenue qu'en doublant la quantité d'acide et en prolongeant l'action de la chaleur pendant une demi-heure.

Exp. IV. — Biscuit de la manutention du quai de Billy :

Quinze bouillons neutres sont ensemencés directement avec des parcelles de biscuit.

Ces quinze bouillons, maintenus à la température ambiante de 20 degrés, restent limpides.

CONCLUSIONS

1. Les microbes apportés par l'eau pendant le travail de la panification ne résistent pas à l'action combinée des l'acidité des pâtes et de la température à laquelle ces pâtes sont exposées au four.

2. Ces deux facteurs, acidité et chaleur, assurent pratiquement la stérilisation du pain et du biscuit. Certaines spores connues par leur résistance aux températures élevées peuvent seules conserver leur activité et se développer ultérieurement dans certaines conditions particulièrement favorables.

3. Du moment où l'acidité diminue sensiblement, comme dans les pâtes préparées avec les levures, la stérilisation n'est plus assurée au même degré.

4. Dans tous les cas, les germes pathogènes, le bacille

typhique et le bacille du choléra en particulier, qui offrent tous une moindre résistance à la chaleur, doivent nécessairement être détruits.

(Comptes rendus de l'Académie des sciences, 4 décembre 1893; — Archives de médecine et de pharmacie militaires, décembre 1893.)

QUATRIÈME PARTIE

NOTES DIVERSES
SE RATTACHANT A L'ALIMENTATION

Matières sucrées et alcooliques; eaux, extraits
de viande, etc.

QUATRIÈME PARTIE

NOTES DIVERSES SE RATTACHANT A L'ALIMENTATION

Expériences relatives à l'alcool que l'on peut retirer de la figue de Barbarie.

I

Le 19 août 1875, à Cherchell, je soumettais à l'action d'une petite presse 370 figues de Barbarie pesant 33 kilogrammes, et j'en retirais 11 kilogrammes de suc que j'abandonnais à la fermentation dans plusieurs grandes bouteilles. Ce suc, à sa sortie de la presse, possédait une saveur fade sucrée, une odeur pénétrante peu agréable ; sa couleur était d'un rouge brun.

Il marquait à l'aréomètre Baumé 6 degrés et au densimètre 104,4. Son acidité, rapportée à 1,000 centimètres cubes, était représentée par $2^{gr},8$ d'acide sulfurique monohydraté ; elle fut déterminée volumétriquement à l'aide d'une solution très étendue de soude titrée avec le plus grand soin.

Le sucre, avant l'action des acides, se trouvait dans la proportion de 128 grammes par litre ; l'action des acides n'a modifié en rien ce résultat. J'ai suivi pour ces dosages les procédés employés par M. Buignet dans ses recherches sur la matière sucrée des fruits. (*Thèse pour le doctorat ès sciences*, Paris, 1860.)

Les jours suivants, je répétais les mêmes expériences, et j'enregistrais les données qui sont rapportées dans ce tableau :

DATES des expériences.	DENSITÉ du suc.	ACIDITÉ pour 1000 cc.	SUCRE pour 1000 cc.	ALCOOL (1) pour 100.	
19 août	104.4	2.8	128	»	
20 —	104.2	2.8	125	»	Le liquide s'est éclairci.
21 —	104.1	»	»	0	Fermentation hésitante.
22 —	103.9	»	»	»	— très nette.
23 —	102.3	7.8	55	»	— très active.
24 —	100.6	»	4	4.1	— mourante.
25 —	100.4	»	0	4.2	— nulle.
28 —	100.3	7.8	0	4.2	

Pendant toute la durée de la fermentation, la température ambiante avait été de 25 degrés. — Dans une bouteille exposée au soleil, le 22 (température de 45 à 54 degrés), la fermentation s'arrêta pour ne recommencer que le 23. A la suite d'une nouvelle exposition de quelques heures dans la journée du 24, la fermentation fut de nouveau paralysée (densité du liquide, 103). Elle ne reprit que le 26, et se poursuivit très activement jusqu'au 28. (D = 100,2.)

Le 30, le liquide fermenté fut soumis à une première distillation au bain-marie. L'alcool ainsi obtenu, rectifié par une seconde distillation, marque 85 degrés ; il est incolore, doué d'une grande mobilité ; son odeur rappelle vaguement le kirsch ; il possède une saveur particulière de fruit très agréable, avec un très léger goût d'empyreume : ce goût a paru s'affaiblir avec le temps.

II

Le 2 septembre, on a répété les mêmes essais sur un lot de 244 figues pesant 21 kilogrammes. Les 10 kilo-

---

(1) En volume, dosé à l'appareil Salleron à 15 degrés.

grammes de suc obtenus ont été abandonnés à la fermentation dans diverses bouteilles.

Le tableau qui suit résume les différentes phases de l'opération :

DATES des expériences.	DENSITÉ du suc.	ACIDITÉ pour 1000 cc.	SUCRE pour 1000 cc.	ALCOOL pour 100.	
2 sept.	104.7	0	145	»	
4 —	104.7	»	»	»	La fermentation se manifeste.
5 —	104.6	»	»	»	La fermentation est très nette.
6 —	103.9	5.6	85	»	La fermentation est très active.
7 —	102.9	6.7	51	2	La fermentation est très active.
8 —	101.8	7.8	26	3	La fermentation est très active.
9 —	100.9	8.4	6	4	La fermentation se ralentit.
10 —	100.7	8.4	0	4.2	La fermentation est nulle.

Le suc fermenté, mis en bouteille le 11 et examiné deux mois après, s'était dépouillé en grande partie de la matière colorante ; sa surface était recouverte d'un voile de mycodermes ; sa densité était toujours 100,7 ; sa richesse alcoolique 4,2 ; son acidité 13.

III

Même série d'expériences le 22 septembre ; 6ᵏ,800 de figues soumises deux fois à l'action de la presse ont donné 4ᵏ,100 de suc. Ce suc a éprouvé pendant sa fermentation les variations suivantes :

DATES des expériences.	DENSITÉ du suc.	ACIDITÉ pour 1000 cc.	SUCRE pour 1000 cc.	ALCOOL pour 100.	
22 sept.	104.7	1.4	140	»	
23 —	»	1.9	»	»	
24 —	»	3.1	»	»	Fermentation hésitante.
25 —	»	4.2	»	»	— nette.
26 —	»	5.6	»	»	— très active.
27 —	»	7.0	»	»	— —
28 —	»	7.5	»	»	— lente.
29 —	100.7	8.5	0	4.5	— nulle.

IV

Nous voyons par ce qui précède que la figue de Barbarie contient une proportion relativement considérable de sucre et que, malgré son très faible état d'acidité, tout ce sucre existe à l'état de sucre interverti. Elle peut donner, par expression, les deux tiers de son poids en suc ; ce suc, abandonné au contact de l'air dans un milieu dont la température est comprise entre 25 et 30 degrés, ne tarde pas à fermenter. La fermentation se produit nettement au bout de quarante-huit heures ; elle ne semble apparaître que lorsque le jus a atteint un certain degré d'acidité, et elle se termine dans l'espace de cinq à six jours, alors que tout le sucre est détruit.

A ce moment, le liquide marque de 100,5 à 100,7 au densimètre (1° Baumé), et contient en moyenne 45 pour 1000 d'alcool absolu, soit en poids 35 gr. 7.

En analysant ce dernier résultat, on remarque qu'il n'est pas en rapport avec la quantité de sucre trouvée dans nos essais. D'après la théorie, nous devrions obtenir en poids de 58 à 65 grammes pour 1000 d'alcool absolu, soit en volume 69 à 80 pour 1000. Il resterait donc à expliquer la disparition de 50 à 60 grammes de sucre.

L'acidité de la liqueur au détriment de l'alcool ne saurait être invoquée à ce sujet ; cette acidité, d'ailleurs, n'est guère plus élevée que celle trouvée par M. Maumené (1) dans certains vins de France.

L'examen du suc fermenté provenant du second essai nous fournit une explication plus rationnelle.

Par évaporation de ce suc au bain-marie, nous avons obtenu une moyenne de 45 grammes par litre d'ex-

----

(1) Maumené, *Traité du travail des vins*, 2e édition, 1874.

trait (1). Cet extrait, traité par l'alcool bouillant, lui a cédé 34 grammes d'un corps particulier qui nous a semblé être de la mannite. Parfaitement purifié, ce produit est blanc ; il cristallise avec la plus grande facilité en aiguilles prismatiques tantôt isolées, tantôt réunies autour d'un centre commun ; son goût est faiblement sucré ; il est très soluble dans l'eau, insoluble dans l'éther et sans action sur le tartrate de cuivre. Lorsqu'on le chauffe, il fond, puis se décompose en laissant un résidu charbonneux.

Le sucre contenu dans la figue de Barbarie subirait dès lors une double fermentation, la fermentation alcoolique et la fermentation mannitique. En comparant d'après les tableaux ci-dessus le sucre détruit avec l'alcool obtenu, on est même conduit à supposer que la fermentation mannitique doit se produire la première, ou tout au moins qu'elle doit être au début bien plus active que la fermentation alcoolique.

V

Dans le but de s'opposer à cette fermentation mannitique, on a tenté divers essais, le 21 novembre, sur le jus retiré de 26 kilogrammes de figues. Nous ne rapportons que les principaux :

A. Suc naturel : il marque 104,7 au densimètre et contient 120 grammes pour 1000 de sucre.

B. Suc additionné de tanin, 1 gramme par litre.

C. Suc additionné d'acide chlorhydrique, 5 centimètres cubes par litre.

D. Suc additionné d'acide sulfurique, 3 centimètres cubes par litre.

La température a toujours été maintenue à 30 de-

---

(1) Le suc retiré de la préparation du 19 août contenait, le 29 novembre, 42 grammes pour 1000 d'extrait ; celui du 21 septembre, 44 grammes.

grés ; la fermentation, sauf en D, s'est manifestée dès le second jour.

Le 23 et le 24, elle était encore hésitante en D, mais très active partout ailleurs, surtout en C.

Le 25, elle était mourante en A, B et C ; elle continuait lentement en D.

Ces différents liquides, examinés successivement le 26, ont donné :

	DENSITÉ du suc.	ALCOOL pour 100.	EXTRAIT pour 1000.	ACIDITÉ pour 1000.
A	100.6	4.5	44	6.2
B	100.0	5.3	19	6.2
C	99.9	6.2	18	6.2
D	104.7	»	»	6.2

La fermentation s'est poursuivie en D jusqu'au 9 décembre. Le liquide répandait alors une odeur désagréable ; il marquait 100,9 au densimètre et contenait 4,5 pour 100 d'alcool.

L'extrait A a cédé à l'alcool bouillant 36 grammes de mannite : je n'ai trouvé qu'une faible quantité de ces produits gommeux, insolubles dans l'alcool, qui, d'ordinaire, accompagnent la fermentation mannitique.

En résumé, le suc de la figue de Barbarie abandonné, après expression, à une température constante de 30 degrés, ne tarde pas à subir une double fermentation mannitique et alcoolique. La fermentation mannitique peut être enrayée au profit de la fermentation alcoolique ; il suffit d'ajouter au suc du tannin, ou mieux de l'acide chlorhydrique dans la proportion de 4 à 5 grammes par litre.

On obtient ainsi, par distillation de 1,000 litres de suc fermenté, représentant 1,500 kilogrammes de figues, de 70 à 75 litres d'alcool à 85 degrés (1).

---

(1) D'après M. Barral, 1,000 kilogrammes de betteraves doivent donner 41 litres d'alcool commercial.

Quand on songe que cette distillation peut s'effectuer directement et donner des liquides alcooliques plus agréables au goût et plus faciles à rectifier que les alcools retirés des différents tubercules ; que la fermentation peut se produire spontanément, que l'extraction du jus nécessite une main-d'œuvre peu dispendieuse, que les résidus peuvent entrer avec économie dans la ration alimentaire du bétail ; que la plante enfin se rencontre partout dans notre Algérie, même dans les terrains les plus rocailleux, où elle végète sans culture et sans travail, on trouve que de tels chiffres ont leur éloquence ; et en voyant l'évolution commerciale que tend à prendre notre colonie, il ne serait peut-être pas imprudent de provoquer l'industrie à tenter de nouveaux essais dans cette voie.

(*Journal de pharmacie et de chimie*, 4ᵉ série, t. XXIII, 1876).

Note sur la valeur du melon comme substance saccharifère.

D'après un journal étranger (1), une société commerciale se serait récemment constituée en Amérique pour fabriquer du sucre de melon ; le melon employé dans ce but aurait même les plus grands avantages sur la betterave. Certaines personnes, soucieuses des intérêts de notre colonie, ont pensé qu'il pourrait y avoir là une source de richesse pour le commerce algérien, et la presse locale (2) a fait quelque bruit à ce propos.

J'ai cherché ce qu'il pouvait y avoir de vrai dans ces allégations en examinant quelques melons de différentes provenances achetés sur le marché de Cherchell, savoir :

I.   *Melon d'Espagne à écorce lisse pesant* $1^k,980$.

II.   *Melon à écorce bleue, pulpe blanche, maturité avancée ; poids* $1^k,600$.

III.   *Melon à écorce lisse, blanche ; poids* $0^k,900$.

VI.   *Melon à écorce veinée, pulpe orange ; poids* $4^k,500$.

V.   *Melon d'Espagne, maturité très avancée ; poids* $0^k,800$.

Pour 1,000 parties de suc j'ai trouvé :

---

(1) Le *Messager franco-américain.*
(2) L'*Algérie agricole,* la *Vigie algérienne.*

	DENSITÉ du suc.	SUCRE non cristallisable.	SUCRE cristallisable.	SUCRE total.
I	102.2	30.0	10.0	40.0
II	102.7	27.3	24.7	52.0
III	102.3	37.0	6.0	43.0
VI	103.2	29.0	28.5	57.5
V	103.4	26.0	35.0	61.0

De ces essais (poursuivis du 9 au 17 septembre 1876) il résulte que dans les produits analysés le sucre ne dépasse guère la proportion de 6 pour 100, dont la moitié seulement en sucre susceptible de cristalliser.

Dans le suc de la betterave blanche, il y a, d'après M. Péligot, 10 pour 100 de sucre et de sucre entièrement cristallisable (1).

Les espérances que l'on peut avoir sur les melons cultivés en Algérie, en tant que substance saccharifère, ne paraissent donc pas suffisamment fondées.

(*Journal officiel de l'Algérie* du 26 septembre 1876.)

---

(1) M. le pharmacien aide-major Bernou, quelques années après la publication de cette note, trouvait 10 à 13 pour 100 et même jusqu'à 19 pour 100 de saccharose dans plusieurs espèces de betteraves à sucre cultivées en Algérie. (V. *Algérie agricole*, juillet 1887.)

De l'influence des feuilles et des rameaux floraux sur la nature et la quantité de sucre contenu dans la hampe de l'agave.

Il y a un an, M. Viollette faisait connaître à l'Académie des sciences (1) les analyses qu'il avait exécutées dans le but de déterminer l'influence exercée par l'effeuillage sur la végétation des betteraves. Il attribuait à l'effeuillage la diminution constatée dans la production du sucre et concluait en faveur de la théorie qui concède à la feuille et non à la racine l'élaboration de la matière sucrée.

Cette opinion de M. Viollette a été contestée par M. Claude Bernard (2), qui ne la trouve point suffisamment justifiée par les faits avancés. Elle a été soutenue par M. Duchartre (3), puis par M. Boussingault (4), qui a cité l'agave comme un argument favorable à cette

---

(1) Viollette, *Influence de l'effeuillage sur la végétation de la bette rave* (*Comptes rendus* du 4 octobre 1876.)

(2) Cl. Bernard. *De l'emploi des moyennes en physiologie expérimentale, à propos de l'influence de l'effeuillage des betteraves sur la production de la matière sucrée* (*Comptes rendus* du 26 octobre 1875).

(3) Duchartre, *Quelques réflexions à propos de la formation du sucre dans la betterave* (*Comptes rendus*, t. LXXXI, p. 1065, 1875).

(4) Boussingault, *Observations sur la production du sucre des agaves* (*Comptes rendus*, t. LXXXI, p. 1070, 1875).

thèse. C'est là le point de départ des expériences qui vont suivre.

L'agave se rencontre très fréquemment en Algérie, où il est improprement désigné sous le nom d'aloès. Ses feuilles sont charnues, fermes, cassantes, à bords dentés et piquants ; très larges et très épaisses à leur base, elles vont en s'amincissant et se terminent en une pointe très dure et très acérée. Les plus grandes peuvent atteindre 2 mètres ; elles sont sessiles et rattachées à un placenta central qui lui-même est fixé au sol par de nombreuses fibres radicellaires. La plante n'arrive à son entier développement qu'après plusieurs années ; à ce moment, le bourgeon central s'allonge avec une rapidité surprenante. La hampe qui en résulte peut atteindre, dans l'espace de trois mois, 4 à 5 mètres de hauteur ; elle présente des traces de bractées et porte à son sommet de nombreux rameaux floraux qui affectent au loin la forme d'une immense grappe retournée. Cette évolution accomplie, les feuilles se dessèchent et la plante meurt. Pendant tout le temps de cette évolution, la hampe reste gorgée d'un suc lactescent, riche en sucre, sur lequel j'ai expérimenté.

Encouragé par des études antérieures sur la figue de Barbarie, je m'étais proposé de déterminer la valeur de l'agave comme substance alcoogène et saccharifère ; mes essais sont restés sans résultats, et c'est en vain que j'ai cherché à en retirer du *pulque* par tous les procédés usités au Mexique (1) : je n'ai jamais pu obtenir que quelques grammes de sève. Je me suis borné alors à étudier la répartition du sucre dans ce végétal et l'influence que pouvaient avoir les feuilles et les rameaux floraux sur la matière sucrée contenue dans la hampe.

---

(1) Voir : *Du maguey et du pulque,* par le pharmacien-major Dreyer (*Recueil de mémoires de médecine, de chirurgie et de pharmacie militaires,* 3e série, t. XI, 1864).

A défaut de l'observation optique, j'ai eu recours à la méthode des liqueurs cuivriques titrées pour doser le sucre avant et après l'inversion par l'acide chlorhydrique. Je me suis placé autant que possible dans les mêmes conditions d'expérience. J'ai opéré comparativement sur des pieds à peu près semblables et provenant du même terrain; je me suis procuré le suc de la même façon, par expression à l'aide d'une petite presse; j'en ai employé la même proportion que j'ai diluée avec le même volume d'eau; l'inversion a été produite par la même quantité d'acide; enfin, je me suis assuré à différentes reprises, soit par la fermentation, soit en défécant les sucs par le sous-acétate de plomb, que la liqueur cupro-sodique n'était pas influencée par d'autres substances que le sucre et que son titre était sûr.

Les tableaux suivants ne sont que la reproduction intégrale des résultats auxquels je suis arrivé :

I. — *Répartition du sucre dans l'agave.*

DATES des EXPÉRIENCES.	SUC pour 100 de la substance employée.	DENSITÉ du suc.	SUCRE POUR 1,000 DE SUC			OBSERVATIONS.
			avant inversion.	après inversion.	Saccharose calculée par différence.	
19 avril 1876...	23,9	102,3	32,4	32,4	0,0	Feuilles externes.........	Agave dont la hampe ne se montre point encore.
—	28,2	103,3	18,3	28,2	9,9	Cœur du placenta.......
25 avril 1876...	21,5	102,3	27,5	39,3	11,8	Hampe de 1 mètre de haut	Agave dont l'évolution commence.
2 mai 1876.....	26,2	102,2	28,2	39,3	11,1	Feuilles externes.........	Agave dépourvu de hampe.
—	27,2	101,6	10,5	26,2	15,7	Cœur du placenta.......
3 mai 1876.....	29,5	102,7	26,2	64,7	38,5	Feuilles externes, inférieures.............	Agave en pleine évolution ; hauteur de la hampe : 2 mètres.
—	23,9	101,6	17,2	22,4	5,2	Feuilles rapprochées du centre..............
—	12,0	102,5	29,7	39,3	9,6	Le haut de la hampe....
—	35,0	102,1	32,3	35,5	3,2	Le bas de la hampe.....

II. — *Influence des feuilles sur la matière sucrée contenue dans la hampe.*

DATES des EXPÉRIENCES.	SUC pour 100 de la substance employée.	DENSITÉ du suc.	SUCRE POUR 1.000 DE SUC			OBSERVATIONS.	
			avant inversion.	après inversion.	Saccharose calculée par différence.		
23 mai 1876....	46,4	101,3	20,0	25,1	5,1	Bas de la hampe....	Agave dont les feuilles ont été enlevées depuis 12 jours.
—	32,7	101,2	16,8	21,6	4,8	Haut de la hampe...	
29 mai 1876....	42,8	101,7	25,6	31,7	6,1	Bas de la hampe....	Feuilles enlevées depuis 9 jours : les rameaux floraux commencent à apparaître.
30 mai 1876....	38,8	102,3	31,8	46,9	15,1	Bas de la hampe....	Agave intact. — Même taille et même terrain que le précédent.
—	24,1	102,3	25,7	37,1	11,4	Haut de la hampe...	
31 mai 1876....	48,0	101,8	30,0	36,0	6,0	Bas de la hampe ...	Feuilles mutilées en partie depuis plus d'un mois.
9 juin 1876.....	33,6	101,5	21,6	27,0	5,4	Bas de la hampe ...	Agave de petite dimension dont les f^{lles} sont enlevées depuis 12 jours.
10 juin 1876....	36,0	102,2	30,8	43,0	12,2	Bas de la hampe ...	Feuilles enlevées depuis 13 jours; fleurs apparentes.
11 juin 1876....	38,8	102,6	36,0	54,0	18,0	Bas de la hampe ...	Agave intact de même taille et de même provenance que le précédent.
16 juin 1876....	38,0	102,3	31,8	46,9	12,1	Bas de la hampe ...	Feuilles enlevées depuis 20 jours.
17 juin 1876....	35,0	102,7	37,0	60,0	23,0	Bas de la hampe ...	Feuilles intactes.

III. — Influence exercée par les rameaux floraux.

DATES des EXPÉRIENCES.	SUC pour 100 de la substance employée.	DENSITÉ du suc.	SUCRE POUR 1,000 DE SUC			OBSERVATIONS.	
			avant inversion.	après inversion.	Saccharose calculée par différence.		
19 juin 1876....	35,5	102,9	32,7	67,5	33,8	Partie inférieure de la hampe..	Rameaux floraux enlevés depuis 7 jours.
—	43,7	102,3	33,7	49,0	15,3	— —	Agave intact.
25 juin 1876....	44,0	102,0	31,7	45,0	13,3	— —	Agave intact.
26 juin 1876....	38,0	103,0	33,7	67,5	33,8	— —	Fleurs enlevées depuis 15 jours.
27 juin 1876....	35,3	103,5	31,0	77,0	46,0	— —	Sommet enlevé depuis 2 mois.
20 juillet 1876..	30,0	102.8	34,8	60,0	25,2	— —	Agave intact; les feuilles commencent à s'atrophier
30 juillet 1876..	33,2	104,1	41,5	154,0	112,5	— —	Hampe coupée à 1 mètre du sol depuis 3 mois.
9 août 1876....	31,0	103,1	27,6	72,0	44,4	— —	Floraison complète; feuilles desséchées.

I. L'examen comparatif de ces tableaux nous montre que la matière sucrée est inégalement distribuée dans les différentes parties de l'agave. Au moment où la hampe va paraître, c'est vers les grandes feuilles externes que l'on rencontre le plus de sucre; l'extrémité des mêmes feuilles en contient moins, et là, la majeure partie du sucre ne se trouve plus, comme précédemment, à l'état de saccharose, mais sous forme de sucre interverti. Plus on se rapproche du centre, moins les feuilles contiennent de matière sucrée, et le sucre réducteur semble croître tandis que le sucre de canne va en diminuant. Dans le placenta central, les deux espèces de sucre tendent à s'équilibrer. Il n'a pas été possible de retirer des radicelles une quantité de suc suffisante pour procéder aux dosages d'une façon satisfaisante.

II. Nous voyons d'autre part que la matière sucrée n'est point répandue dans les hampes d'une façon uniforme; elle domine vers le bas et le sommet contient une plus forte proportion de saccharose. Dans les pieds non effeuillés, le sucre va constamment en croissant : cette augmentation porte sur le sucre de canne, tandis que le sucre réducteur reste à peu près stationnaire. Dans les pieds effeuillés, la matière sucrée, tout en augmentant progressivement, est toujours en moindre proportion; elle est presque entièrement constituée par du sucre interverti.

L'effeuillage exercerait donc une action directe sur la matière sucrée contenue dans la hampe; toutes les expériences sont concordantes sur ce point; la hampe paraît à peine affaiblie par cette opération, qui retarde un peu son évolution mais ne l'arrête point.

III. L'effloraison produirait une action toute contraire. Partout où l'on s'est opposé au développement des fleurs, soit en rompant la hampe, soit en mutilant les organes floraux (cette mutilation a toujours été plus ou moins

incomplète, la longueur de la hampe se prêtant difficilement à cette exécution), la proportion de sucre de canne
s'est accrue d'une façon notable, tandis que le sucre
interverti n'a presque pas varié.

On remarquera également que la proportion du suc
contenu dans la hampe reste sensiblement la même ; elle
est un peu plus forte vers le bas et paraît diminuer avec
le temps. La densité de ce suc suit la marche ascendante
du sucre. Son acidité, que j'ai dosée à plusieurs reprises,
n'a pas subi d'écart ; elle peut être représentée en acide
sulfurique monohydraté par une valeur oscillant entre
0,20 et 0,34 pour 1,000. C'est la quantité trouvée dans
le placenta ; dans les feuilles, elle est plus élevée ; elle
atteint de 0,68 à 0,85 pour 1,000.

En résumé, il est permis de conclure de ces expériences que non seulement les feuilles, mais encore les
fleurs jouent un rôle incontestable dans la formation du
sucre contenu dans les hampes d'agaves.

Comment s'opère cette transformation physiologique ?
En présence du débat qui s'est élevé à ce sujet, le pro-
blème peut paraître encore loin d'être résolu ; néanmoins, il me semble difficile de refuser à la feuille la part
la plus active dans cette élaboration.

(Annales de chimie et de physique, 5e série, t. X, 1877,
— *Journal de pharmacie et de chimie,* 4e série;
t. XXV, 1877).

Note sur l'emploi des sucres azurés à l'outremer.

Mon attention fut appelée à différentes reprises sur une odeur particulière, désagréable, que présentait parfois, après quelques heures de préparation, la limonade commune du Codex (1). A la suite d'une longue et minutieuse investigation, je reconnus que cette odeur provenait de la qualité du sucre employé. Ce sucre, cependant, avait l'aspect d'un bon sucre raffiné. Au premier abord, sa solution dans l'eau semblait complète; mais à la longue elle ne tardait pas à déposer sur les parois du vase une mince couche bleuâtre constituée par une poudre extrêmement ténue. Cette poudre, isolée par le filtre, a présenté ultérieurement tous les caractères classiques de l'outremer artificiel ; insolubilité dans l'eau et l'alcool, inaltérabilité à l'air, fusibilité à une haute température, décoloration instantanée, avec dégagement d'hydrogène sulfuré, au contact de l'acide sulfurique dilué. C'est donc à la décomposition lente, par les acides du citron, de l'outremer servant à l'azurage du sucre, qu'il faut rattacher le fait signalé plus haut.

Dans la préparation des sirops par coction et clarifi-

---

(1) Cette limonade se prépare ainsi, Prenez : citrons 2, eau bouillante 1,000, sucre 50; versez l'eau bouillante sur les citrons coupés par tranches et privés de leur semences; laissez infuser une heure, ajoutez le sucre et passez.

cation à l'albumine, l'outremer est entièrement entraîné avec les écumes, mais il n'en est pas de même pour les sirops préparés par simple solution à froid ou au bain-marie couvert. Le passage à travers l'étamine ne suffit point pour retenir cette substance ; il faut avoir recours au filtre en papier.

De là résulte la nécessité de filtrer au papier les sirops acides obtenus par simple solution, tels que ceux de goudron, de tolu, de citrons, de groseilles, de mûres, de vinaigre simple et framboisé (1) ou mieux de rejeter de ces préparations et d'autres, comme la limonade commune, l'emploi des sucres azurés à l'outremer.

(*Journal de pharmacie et de chimie*, 4e série, t. XXV, 1877).

---

(1) Le Codex recommande bien cette pratique pour les sirops de goudron et de tolu, mais non pour les autres.

Sur le vin de palmier.

1. Les palmiers cultivés dans les oasis de Laghouat
se rattachent à une infinité de variétés : ils peuvent y
vivre plus d'un siècle. Leur hauteur moyenne est de
10 à 15 mètres; les plus grands atteignent 25 mètres.
Ils donnent de 10 à 12 régimes par an; le régime, à
maturité, pèse 3 à 4 kilogrammes. Les dattes sont de
qualité inférieure ; elles sont consommées sur place ;
celles qui nous viennent de Laghouat pour l'exportation
en Europe et dans le nord de l'Afrique sont retirées des
oasis du M'zab et d'Ouargla (1).

Le vin de palmier (*lagmi* des Arabes) est fourni par
la sève de l'arbre, qui doit avoir au moins 40 ans, c'est-
à-dire son maximum de vigueur. Lorsque le palmier est
très vieux, sur le point d'être sacrifié, on coupe le bouquet terminal en ménageant les palmes implantées au-
dessous; mais si l'arbre doit être conservé, comme c'est
le cas général, on creuse une incision circulaire au-dessous du bouquet terminal, qui est soigneusement res-
pecté. Le liquide est amené, à l'aide d'un roseau, dans

---

(1) Les dernières statistiques de l'administration locale donnent pour
le cercle de Laghouat 675 000 palmiers, ainsi répartis : oasis d'Ouargla,
450,000 ; oasis de la confédération du M'zab, 200,000 ; oasis de Laghouat,
25,000. On compte environ 100 palmiers mâles pour 5,000 palmiers fe-
melles. — (*Note communiquée par* M. FLATTERS, *commandant supérieur
du cercle militaire de Laghouat*)

un pot en terre (*kassria*) fixé au sommet du palmier. On recueille ainsi, au début, de 7 à 8 litres de vin par jour ; au bout d'un mois, et on dépasse rarement ce terme pour ne pas trop affaiblir le palmier, on n'obtient guère que 3 à 4 litres.

La récolte terminée, on recouvre avec soin l'incision avec de la terre. Le palmier, ainsi traité et suffisamment arrosé, peut donner des dattes deux ans après, souvent l'année suivante, quelquefois même l'année courante.

Les Arabes du Sud font grand cas du vin de palmier ; ils le recueillent chaque jour pour le consommer de suite ; ils ne le conservent pas.

2. Je dois à l'obligeance de MM. Bourjade et Janier, officiers attachés aux affaires indigènes de la colonie, deux bouteilles de ce vin, qui ont été prises à Laghouat le 26 mai au soir et me sont parvenues à Médéa dans la journée du 31. Les bouteilles sont en verre très épais ; dès que les ficelles retenant les bouchons sont enlevées, ceux-ci partent et le vin pétille à la façon du champagne. Sa couleur est opaline, un peu lactescente ; son odeur est légèrement excitante ; sa saveur est, au premier abord, très agréable et rappelle le cidre mousseux ; mais, lorsque le vin a perdu son acide carbonique, elle paraît fade : au toucher, il est gluant. Le densimètre marque 1,029.

3. J'ai déterminé, à l'aide de l'appareil Salleron, la quantité d'alcool absolu : elle est, pour 100 volumes, de $5^{cc},5$ à 15 degrés, soit en poids $4^{gr},38$, représentant $9^{gr},20$ de sucre fermentescible.

4. L'acidité totale, en poids équivalent d'acide sulfurique (SO^3HO) est de $0^{gr},686$ pour 100.

5. Le poids de l'extrait, desséché à 100 degrés, est de $11^{gr},60$ pour 100 ; par la calcination, ce poids se réduit à $0^{gr},32$. Dans le résidu, j'ai pu constater très nettement la potasse, la chaux, la magnésie et l'acide phos-

phorique : il n'y a que des traces de fer, de chlorures et de sulfates.

6. Les principes organiques fixes sont : l'acide malique, la glycérine, la mannite, le sucre et la gomme.

En traitant l'extrait provenant de 100 grammes de vin par l'alcool éthéré, j'ai obtenu $2^{gr},18$ d'un mélange de glycérine avec un acide organique qui serait représenté en acide sulfurique par $0^{gr},196$ et en acide malique ($C^8H^6O^{10}$) par $0^{gr},54$.

L'extrait primitif, repris ensuite par l'alcool bouillant, lui a abandonné $5^{gr},60$ de mannite et $0^{gr},20$ de sucre.

Le produit restant, insoluble dans l'éther et dans l'alcool bouillant, est très poisseux ; il est fort soluble dans l'eau chaude et pèse $3^{gr},30$. Il est en entier constitué par une sorte de gomme facilement saccharifiable par l'acide chlorhydrique dilué et donnant avec l'acide nitrique des cristaux d'acide mucique.

7. En déduisant de l'acidité totale la quantité donnée pour l'acide malique, on trouve que les acides volatils sont représentés par $0^{gr},49$ d'acide sulfurique correspondant à $0^{gr},22$ d'acide carbonique : c'est à peu près la quantité d'acide carbonique contenue dans un vin rouge qui en est saturé.

8. Dans le dépôt blanchâtre laissé au fond de la bouteille, j'ai trouvé des traces d'une substance azotée (albumine) et de nombreux globules d'un amidon particulier, caractérisé par le microscope et l'eau iodée.

Après deux mois de conservation dans une bouteille pleine, ce vin ne paraît pas s'être modifié d'une façon sensible : sa densité est la même; son acidité un peu plus élevée.

9. La composition du vin de palmier aussitôt après la fermentation alcoolique peut donc être représentée ainsi :

Eau....................................	83^{gr}	80
Alcool..................................	4	38
Acide carbonique.......................	0	22
Acide malique..........................	0	54
Glycérine..............................	1	64
Mannite................................	5	60
Sucre (exempt de sucre de canne)......	0	20
Gomme..................................	3	30
Substances minérales..................	0	32
	100^{gr}	00

(*Comptes rendus de l'Académie des sciences, t. LXXXIX, 1879; — Journal de pharmacie et de chimie, 4° série, t. XXX, 1879.*)

Sur le saucisson des Arabes.

Le saucisson arabe, vendu en Algérie, sur les marchés indigènes, sous le nom de *El Halaoua*, présente, à s'y méprendre, l'aspect extérieur de notre saucisson ordinaire. Lorsqu'on le coupe en rondelles, on aperçoit au centre des fragments d'amandes douces non mondées, reliés entre eux par une petite ficelle et, du centre à la circonférence, une pâte compacte et sensiblement homogène, d'un brun plus ou moins foncé ; c'est à peine si l'on remarque, en la comprimant, qu'elle est formée de plusieurs zones concentriques. Cette pâte est très sucrée, fondante à la bouche. Lorsqu'on la met en contact prolongé avec une suffisante quantité d'eau, elle s'y dissout en grande partie, en laissant au fond du vase un dépôt blanchâtre qu'on peut isoler par lévigation. J'ai constaté qu'elle renfermait en moyenne 64 pour 100 de sucre réducteur, 16 pour 100 d'eau et 20 pour 100 de matière amylacée.

Voici quelques renseignements sur la fabrication de ce saucisson, tel qu'on le prépare de tout temps à Médéa.

Lorsque le raisin est arrivé à maturité, on en exprime le suc, que l'on verse dans une bassine avec une pelletée de sable siliceux. On porte lentement à l'ébullition. Sous l'influence de l'albumine végétale et du sable projeté en tous sens au sein de la masse liquide, la clarification ne tarde point à s'opérer. On enlève les écumes au fur et à

mesure de leur formation ; on laisse refroidir et on décante pour isoler le sable.

Le liquide décanté est de nouveau chauffé.

On pousse l'évaporation jusqu'à consistance très siru-
peuse, et, à ce moment, on ajoute peu à peu de la
semoule semblable à celle que l'on emploie pour obtenir
le traditionnel *kous-kous*. On facilite le mélange par l'a-
gitation continue à l'aide d'un bâton ; puis, lorsque la
masse est suffisamment compacte, on y plonge de petits
chapelets d'amandes préparés et vendus pour cet usage
par les marchands mozabites. On les retire, on les fait
sécher un instant à l'air, puis on recommence de nouveau l'immersion jusqu'à ce que le saucisson ait atteint
la grosseur voulue. On le dessèche alors et on le conserve pour la vente sur place ou l'exportation dans les
centres du Sud où la vigne n'est point cultivée.

La plus grande consommation de ce produit se fait
pendant les fêtes musulmanes, que tout Arabe célèbre
religieusement au commencement de chaque année.

(*Journal de pharmacie et de chimie*, 5ᵉ série, t. I, 1880.)

Sur le phytolaque dioïque.

Les auteurs qui se sont occupés des *Phytolacées* donnent peu de détails sur le Phytolaque dioïque, *Phytolacca dioïca* de Linné, *Pircunia dioïca* de Moquin-Tandon. D'après de Candolle, il serait originaire du Brésil ou du Mexique. Il ne résiste pas à des températures inférieures à zéro; aussi n'est-il connu à Paris que comme un arbuste de serre. Il se développe parfaitement sur le littoral algérien, et l'on peut voir, notamment sur les places publiques d'Oran, de Cherchell ou de Ténez, des Phytolaques de 25 à 30 ans, qui ont en hauteur de 7 à 8 mètres et des troncs de 2 à 3 mètres de circonférence. Leur bois, très filandreux et spongieux, n'acquiert pas la consistance ligneuse : il est impropre à la combustion et n'a pas encore été utilisé par l'industrie. On les recherche pour leur feuillage, qui persiste presque toute l'année et fournit beaucoup d'ombre; de là, sans doute, le nom vulgaire *Bella-ombra* (*belombra*) qu'on leur donne exclusivement en Algérie. Cette dénomination semblerait indiquer qu'ils y ont été apportés par les Espagnols; les Arabes n'ont pas de terme pour le désigner.

Les branches du Phytolaque dioïque, ainsi qu'on le remarque d'ailleurs chez certains végétaux à croissance rapide, sont fréquemment aplaties et offrent parfois de curieux exemples de *fasciation* (M. Durando). Les fleurs sont dioïques, petites, verdâtres et disposées en grappe. Le fruit est une baie charnue, d'un jaune vert, pesant à peine un gramme et renfermant, chacune dans une loge spéciale, 12 à 15 petites graines comprimées, caractérisées par un embryon cylindrique roulé autour de l'endosperme.

Les grappes qui le portent se détachent naturellement de l'arbre vers la fin d'octobre, et pèsent, en moyenne, de 30 à 40 grammes. Elles sont alors très sucrées et peuvent être mangées sans inconvénient : elles cèdent à la presse 74 pour 100 de suc. Ce suc est épais, gluant et a une odeur légèrement nauséabonde. Il marque au densimètre 1,100. Son acidité est représentée par $0^{gr},51$ pour 100 d'acide sulfurique monohydraté. Abandonné à l'air libre, à une température moyenne de 20 degrés, il se clarifie très lentement et ne fermente pas spontanément. Sa couleur, après filtration, est brune. Lorsqu'on l'étend d'eau, il blanchit fortement, et l'on remarque, sur les parois du vase, une fluorescence marquée. Il fournit, par évaporation, 24,6 pour 100 d'extrait, et par incinération un volumineux charbon qui se réduit finalement à $1^{gr},86$ de cendres.

Je lui ai trouvé la composition suivante :

Eau	75.40
Chlorophylle, cire, résine, huile essentielle et acide volatil	0.45
Sucre réducteur	3.20
Sucre non réducteur	11.20
Acide organique indéterminé	2.60
Gomme	4.40
Matières albuminoïdes, substances pectiques et pectose	0.89
Matières salines	1.86
	100.00

La résine est très âcre et soluble dans l'éther ; elle n'existe qu'en minime quantité, de même que l'huile essentielle qui donne au suc son odeur particulière.

Le traitement éthéré et la distillation directe ont permis de constater la présence d'un acide volatil dont l'éther, à odeur très agréable, rappelle l'éther butyrique; titré volumétriquement à l'aide d'une solution alcaline, il serait représenté en acide sulfurique monohydraté par $0^{gr},05$ pour 100.

L'autre acide organique dont l'analyse élémentaire n'a pas été faite se trouve dans l'extrait alcoolique à l'état de sel acide de potasse.

Ce sel est insoluble dans l'éther et soluble dans l'eau; il est incristallisable et ne précipite pas par le nitrate de baryte; il présenterait ainsi quelques-uns des caractère de l'*acide phytolaccique* retiré par M. Terreil des baies du *Phytolacca decandra* (1).

Les matières sucrées ont été dosées par les méthodes volumétriques, après défécation préalable du suc.

Les matières salines sont formées en majeure partie par de la potasse, par très peu de fer, de la chaux, de la magnésie, de la silice, des phosphates et des traces seulement de sulfates et de chlorures.

Les recherches faites en vue d'obtenir un alcaloïde ont donné un résultat négatif.

(*Comptes rendus de l'Académie des sciences*, t. XCII, 1881 ; — *Journal de pharmacie et de chimie*, 5ᵉ série, t. III, 1881.)

---

(1) Terreil, *De l'acide phytolaccique* (*Comptes rendus*, t. XCI, 1880).

Sur les vins de Médéa.

Les premières tentatives de plantations de vignobles en Algérie ne remontent guère au delà de trente ans. Faites sans discernement, avec des cépages de toutes sortes et suivant des procédés de culture non appropriés au pays, elles ne donnèrent que des résultats médiocres.

De nouvelles tentatives, beaucoup plus sérieuses, furent reprises à partir de 1870 : la vigne, qui ne couvrait alors que 8 à 9,000 hectares, en occupe aujourd'hui 30,000 (1), et les plantations se poursuivent sans relâche. Si le choix des cépages, des cépages indigènes notamment, qui paraissent beaucoup trop méconnus de nos colons, est loin d'être arrêté d'une façon définitive, les progrès réalisés sont néanmoins considérables. Les plantations sont mieux dirigées; les vendanges se font avec plus de méthode; les procédés de vinification sont plus étudiés et l'aménagement des celliers et des caves, mieux compris, est plus en rapport avec les exigences du climat. Les produits obtenus dans une même région tendent à se rapprocher, par leurs caractères communs, d'un type uniforme, et quelques-uns jouissent déjà d'une légitime réputation. C'est ainsi que les bons vins rouges

---

(1) Le vignoble algérien occupe actuellement plus de 100,000 hectares et sa production tend vers 3 millions d'hectolitres.

La Tunisie suit la même marche ascendante; en une seule année, de 1888 à 1889, la culture de la vigne s'est élevée de 3,000 à 5,000 hectares.

ordinaires des vignobles qui entourent Médéa présentent les caractères suivants : ils sont limpides, de couleur foncée, de saveur alcoolique avec un léger goût de terroir qui n'a rien de désagréable : leur netteté de goût est une preuve du grand soin apporté à leur préparation. L'odeur est légèrement aromatique : la densité varie entre 0,985 et 0,995, la richesse alcoolique entre, 11 et 13 pour 100. L'acidité totale, représentée en acide sulfurique monohydraté est en moyenne de 3 grammes à 4 grammes par litre. Ils laissent plus d'extrait que les vins de France et donnent par calcination un résidu considérable très riche en silice et en potasse. Ils contiennent moins de 2 grammes de sulfates.

On trouvera plus loin quelques analyses des vins qui ont été jugés les meilleurs par les commissions chargées, en 1879 et 1880, de procéder aux achats que l'Administration de la guerre avait ordonnés, à titre d'essais, pour favoriser l'extension des vins de la région médéenne. La commission de 1879 a eu à se prononcer sur 14 échantillons et celle de 1880 sur 22.

VINS DE LA RÉCOLTE DE 1878

(Examinés en février 1879.)

COMPOSITION POUR UN LITRE.	DAMIETTE (M. Malloval.)	DAMIETTE (M. Furiot.)	DAMIETTE (M. Laden.)	DAMIETTE (M. Pony.)	DAMIETTE (M. Blanchard.)
Alcool (en volume pour 100) ...	12.20	11.90	12.80	12.30	11.90
Acidité totale..................	5.15	3.33	5.69	4.90	6.86
Extrait........................	29.0	»	»	»	»
Glucose.......................	3.30	3.10	»	»	»
Crème de tartre...............	2.63	»	»	»	1.33

VINS DE LA RÉCOLTE DE 1879

(Examinés en février 1880.)

COMPOSITION POUR UN LITRE.	DAMIETTE (M. Malleval.)	MÉDÉA (M. Clot.)	DAMIETTE (M. Blanchard.)	DAMIETTE (M. Furiol.)	LODI (M. Amory.)
Alcool (en volume pour 100)	11.40	13.80	12.10	11.40	11.00
Acidité totale....................	3.52	3.03	2.64	3.04	2.84
Extrait.........................	33.00	27.00	29.00	28.00	»
Glucose	»	1.60	2.50	»	»
Crème de tartre.................	2.10	1.13	1.13	»	»
Glycérine.......................	»	6.0	»	»	»
Cendres........................	»	»	»	4.00	»
Silice	0.84	»	»	»	»

(Journal de pharmacie et de chimie, 5e série, t. VII, 1883.)

Sur l'hydromel.

L'hydromel, qui était autrefois très répandu dans le nord de la France, tend à disparaître de plus en plus. On en trouve encore quelques fabriques dans le Cambrésis, où il a conservé une certaine popularité. Sa préparation est variable : en général, on l'obtient en prenant environ une partie de miel pour trois parties d'eau ; on ajoute au mélange de la levure de bière et l'on suit avec d'autant plus de soin la marche de la fermentation que celle-ci exerce une action directe sur la saveur du produit (1).

Dès que la liqueur est devenue limpide, on la soutire puis on la met en bouteille.

L'hydromel ainsi obtenu est susceptible de se conserver fort longtemps (on en cite ayant plus de 40 ans) ; il est plus ou moins sirupeux et présente une teinte brune foncée. Son odeur est spiritueuse et rappelle le miel. Sa saveur est sucrée, liquoreuse et se rapproche un peu de celle des vins de Malaga artificiels : toutefois, elle laisse un arrière-goût moins favorable.

On le consomme dans les familles à la façon des vins et liqueurs ; on en prend également dans les estaminets,

---

(1) Les ménagères qui préparent encore leur hydromel ajoutent en même temps des aromates tels que cannelle, clous de girofle, muscade, etc.

coupé avec une plus ou moins forte quantité de ge-
nièvre.

L'analyse qui suit est celle d'un bon hydromel ayant
plus d'un an de bouteille.

	Pour 100.
Alcool (en volume)......................	14,50
Extrait.................................	15,10
Cendres................................	0,18
Glucose................................	12,40
Glycérine..............................	0,96
Acidité (en SO^3HO)...................	0,32

La densité est de 1,040.

Les cendres contiennent principalement des sulfates
et des traces de chlorures.

(*Journal de pharmacie et de chimie*, 5e série, t. IX,
1884.)

Les eaux du Chéliff; quelques observations au sujet de la mer intérieure d'Algérie.

Le Chéliff prend naissance dans les environs de Tiaret. Il porte le nom de Nhar–Ouassel jusqu'aux marais de Kseria, qu'il traverse en allant de l'ouest au nord-est; puis il descend vers le nord jusqu'au-dessus de Boghar; de là, il incline vers le nord-ouest, franchit l'Atlas par les gorges d'Amourah et se jette à l'ouest en passant au bas de Milianah et en longeant les remparts d'Orléansville. Il se perd dans la Méditerranée, un peu à l'est de Mostaganem, après avoir reçu plusieurs affluents.

Son parcours est d'environ 400 kilomètres, à peu près celui de la Saône; c'est le cours d'eau le plus important de l'Algérie.

« Au plus bas étiage qui, généralement, ne dure que deux mois, du 15 juillet au 15 septembre, le débit du Chéliff à Orléansville ne descend pas au-dessous de 1,500 litres par seconde et atteint souvent 3,000 litres. D'avril à octobre, il varie généralement de 3 à 5 mètres cubes et au-dessus. Le débit d'hiver est de 50 à 60 mètres cubes; celui des grandes crues ordinaires de 400 mètres cubes; elles se produisent depuis la fin d'août jusqu'à la fin de juin. Le débit des crues exceptionnelles dépasse 1,100 mètres cubes (1). » Nous l'avons vu, dans la

---

(1) Ces données sont extraites d'un travail de M. Lamairesse sur le *Barrage du Chéliff*, inséré aux *Annales des Ponts et Chaussées*, t. VII, 1874.

journée du 16 décembre 1877, atteindre 1,448 mètres cubes. Ce chiffre a pu être exactement déterminé au barrage que l'on construit en ce moment en amont d'Orléansville pour amener l'irrigation de 12,000 hectares de terres avoisinantes ; la vitesse du courant était alors de 4^m,5 à la seconde. (M. Pons.)

Dans cette région, comme dans toute la plaine du Chéliff, le fleuve roule sur des terres alluviennes et argilo-siliceuses qui communiquent à l'eau une apparence louche. Par le repos, cette eau se dépouille facilement de ses matières terreuses ; elle n'offre rien de désagréable, ni au goût ni à l'odorat.

Une analyse faite à Orléansville, dans le courant de mai 1878, nous a donné pour un litre :

Acide carbonique	0,13716
— sulfurique	0.17989
— chlorhydrique	0.18436
Soude	0.18020
Potasse	0.00500
Chaux	0.09780
Magnésie	0.03800
Sesquioxyde de fer	0.00150
Alumine	0.00300
Silice	0.01100

Cette composition élémentaire permet d'établir la composition hypothétique suivante :

Acide carbonique libre	0.0578
Bicarbonate de potasse	0.0097
— de chaux	0.1193
— de fer	0.0030
Sulfate de soude	0.0541
— de chaux	0.1248
— magnésie	0.1140
Chlorure de sodium	0.2955
Alumine	0.0030
Silice	0.0110
Poids des combinaisons salines anhydres trouvées par le calcul	0.7924
Poids des combinaisons salines, desséchées à 100 degrés, trouvées par l'expérience	0.7800

Densité 1000,769 à la température de 21 degrés et à la pression 750 millimètres, la densité de l'eau distillée étant 1000.

L'acide borique n'ayant pas encore été signalé, du moins à notre connaissance, dans les eaux de l'Algérie, il nous a semblé qu'il pouvait y avoir quelque intérêt, au point de vue de la constitution géologique des terrains variés traversés par le Chéliff ou ses affluents, à rechercher la présence de ce corps. Des essais tentés sur le résidu de plus de 20 litres d'eau nous ont fourni des résultats douteux avec le papier de curcuma et négatifs avec la flamme de l'alcool. Ces résultats ayant été confirmés par l'analyse des résidus que nous avons adressés à notre collègue, M. G. Fleury, pharmacien en chef de l'hôpital militaire du Dey, nous concluons à l'absence de l'acide borique dans les eaux du Chéliff. Nous avons également constaté l'absence du cuivre (contrairement à une version locale), du brôme, de l'iode, de l'acide nitrique et de l'acide phosphorique. Il n'y a que des traces de matières organiques en solution. D'après les essais hydrotimétriques que nous avons pratiqués à différentes époques, l'analyse que nous venons de rapporter représenterait à peu près la composition ordinaire des eaux du Chéliff en dehors de la période pluviale d'octobre à avril.

On peut en juger par les données moyennes qui suivent :

DATES des expériences.	DEGRÉS hydrotimétriques.	
16 décembre 1877.......	12	Eaux très fortes.
12 mars 1878..........	51	Eaux basses.
26 avril	46	Id.
23 mai	52	Id.
4 juillet..............	56	Eaux très basses.
5 août...............	55	Id.
4 septembre...	54	Id.
30 septembre..........	52	Eaux basses.
16 novembre	34	Eaux assez fortes.

Nous dirons à ce sujet que les eaux livrées à la consommation des habitants d'Orléansville et amenées à grands frais dans l'intérieur de leur ville ont sensiblement le même degré hydrotimétrique et la même composition élémentaire. Aussi, malgré certaines opinions émises sur la valeur économique des eaux du Chéliff, nous estimons que lorsque le canal de dérivation devant passer au sud d'Orléansville sera terminé, ces eaux, après filtration préalable, pourront être utilisées très avantageusement comme eaux potables, au moins pendant huit à neuf mois de l'année.

II

Les matières terreuses tenues en suspension dans le Chéliff sont constituées en grande partie par de la silice et de l'argile : elles contiennent en faible proportion du fer, de la chaux et de la magnésie. Leur poids est des plus variables; de 4 à 5 centigrammes par litre (en mai), il peut s'élever à 27 grammes. Ce dernier chiffre nous a été fourni pendant la grande crue du 16 décembre 1877 (l'eau a été prise au milieu du fleuve et les matières desséchées à une température inférieure à 100 degrés).

A ce moment, le Chéliff roulait donc, dans l'espace de vingt-quatre heures, et avec un débit de 1,448 mètres cubes à la seconde, jusqu'à 3,777,894 tonnes de matières terreuses. C'est une masse qui, répartie d'une façon uniforme sur une surface de *trois cents hectares* (3 kilomètres carrés), donnerait une couche de près de 1 mètre.

Cette proportion, tout anormale qu'elle soit, donne une idée des dégâts qu'entraîne parfois en Algérie le débordement des rivières : tel ruisseau, insignifiant en apparence, peut se transformer subitement en fleuve pendant la saison des pluies. Cette observation n'est point particulière aux rivières du Tell qui vont se jeter dans la Méditerranée; elle s'applique également aux rivières du Sahara (et elles sont nombreuses) qui vont se perdre dans les chotts. Nous citerons, entre autres, l'oued Djedi qui part des confins du Djebel-Amour, à l'ouest de Laghouat, et traverse à peu près en ligne droite 5 degrés de longitude pour aboutir au chott Melghigh, au sud-est de Biskra : on sait que son lit atteint quelquefois jusqu'à 1 kilomètre de large.

La quantité de terre et de sable entraînée par tous les torrents qui se déversent dans les chotts doit donc être énorme : il convient d'y joindre les sables déplacés par les vents. C'est là une objection dont ne paraissent point s'être suffisamment préoccupés les partisans d'une mer intérieure en Algérie (1) et qui semble avoir quelque valeur à côté de celle soulevée à propos de l'énergique évaporation constatée en ces régions (2).

En admettant même, avec M. Roudaire, l'existence d'un contre-courant entre la Méditerranée et la mer projetée, ce contre-courant pourra-t-il s'opposer à un ensablement plus ou moins partiel?

Il est permis d'en douter, quand on voit sur nos côtes avec quelle étonnante rapidité les eaux douces se dépouillent de leurs matières terreuses au contact de l'eau de mer, et quand on songe, d'autre part, qu'un grand lac couvrait autrefois l'emplacement des chotts et que l'Egypte actuelle a été un golfe comblé peu à peu par les alluvions du Nil (3).

(*Comptes rendus de l'Académie des sciences*, t. LXXXVIII, 1879; — *Journal de pharmacie et de chimie*, 4e série, t. XXIX, 1879).

---

(1) *Une mer intérieure en Algérie*, par M. Roudaire. (*Revue des Deux-Mondes*, avril 1874.)

(2) La commission chargée par l'Académie des sciences d'examiner le projet Roudaire, estime à 39,690,000 mètres cubes l'évaporation *quotidienne* pour une surface de 13,230 kilomètres carrés.

(3) *Observations sur la vallée d'Egypte et sur l'exhaussement séculaire du sol qui la recouvre*, par M. Girard. (*Recueil des observations faites pendant l'expédition d'Egypte*, Histoire naturelle, t. II, p. 343.)

Sur les eaux contaminées par des infiltrations de fosses d'aisances.

———

Appelé assez fréquemment, comme la plupart de mes confrères, à donner mon avis sur la valeur des eaux consommées dans nos établissements militaires, j'ai pu constater la présence de l'urée dans quelques-unes de ces eaux de la façon suivante :

Dans un long et large tube (60 à 80 centimètres de long et 15 millimètres de diamètre) fermé à l'une de ses extrémités, on verse quelques centimètres cubes de la solution d'hypobromite de soude proposée par M. Yvon pour le dosage de l'urée (1) : on achève de remplir complètement avec l'eau à examiner, on applique le pouce à la surface de manière à n'emprisonner aucune bulle d'air et l'on retourne le tube que l'on place dans un grand verre à pied contenant du mercure. S'il y a de l'urée, on ne tarde pas à apercevoir de petites bulles d'azote qui s'élèvent dans le tube au fur et à mesure de la diffusion de l'hypobromite. En opérant sur l'eau plus

———

(1) Cette solution se prépare avec :

Lessive de soude, 30 grammes.
Brome, 5 grammes.
Eau distillée, 125 grammes.

On mélange la lessive de soude avec l'eau, on ajoute le brome, on agite fortement, on laisse déposer, puis on décante.

ou moins concentrée par l'ébullition, on arrive à un résultat plus tangible : on peut même doser l'azote.

Lorsque l'on a quelques raisons de soupçonner dans une eau de puits des infiltrations de fosses d'aisances, ce mode de recherche peut être employé en même temps que le traitement par l'éther, recommandé par M. Baudrimont en 1879 (1).

Ce traitement consiste à agiter vivement 50 centimètres cubes d'eau avec 25 centimètres cubes d'éther rectifié : on sépare le liquide éthéré par décantation et on l'évapore avec beaucoup de soins à une température de 30 à 40 degrés ; il reste un dépôt presque imperceptible dont l'odeur trahit la provenance.

(*Journal de pharmacie et de chimie;* 5ᵉ série, t. VIII, 1883).

---

(1) Baudrimont, *Examen d'une eau douce contaminée par des matières organiques insalubres* (*Journal de pharmacie et de chimie,* 4ᵉ série, t. XXIX, 1879.)

Observations sur les extraits de viande.

Il s'agit d'extraits de viande Liebig conservés pendant six ans, en vue d'étudier les altérations qui peuvent se produire avec le temps. On sait que ces extraits se préparent à Fray-Bentos depuis 1863, et que cette fabrication a pris un très grand développement.

« La chair des animaux abattus, immédiatement découpée, est conduite par des wagons jusqu'à des hachoirs mécaniques et de là dans de grandes marmites où la vapeur en extrait tous les sucs. Le liquide ainsi obtenu passe dans des vaporisateurs qui en retirent l'eau, et ensuite dans les appareils de distillation qui séparent toutes les matières mal dissoutes ; surchauffé, filtré, il tombe clarifié dans une nouvelle marmite et se rend à un condensateur où un appareil giratoire le refroidit en le conservant liquide, et dans un autre où il se refroidit complètement et se réduit en pâte... Le résidu de la viande est conduit au moulin et réduit en farine pour engraisser les bœufs (1). »

Les boîtes mises en observation sont en fer-blanc et renferment 1 kilogramme d'extrait ; elles sont cylindriques et fermées à la partie supérieure par une plaque

---

(1) *Voyage à la Plata,* par M. Émile DAIREAUX. (*Le Tour du Monde,* 1887).

circulaire d'environ 2 centimètres de diamètre, fixée au couvercle avec de la soudure. Quelques-unes sont intactes, mais il en est qui présentent dans cette partie de petits trous laissant suinter de l'intérieur, d'où vient l'attaque, un peu d'extrait qui, en se diluant au contact de l'air, s'est répandu sur le pourtour des boîtes. Cet extrait est, en effet, très hygrométrique.

Pour 10 grammes exposés à l'air libre, dans une capsule de platine, la prise d'eau a été :

En 1 jour de............................	$0^{gr}18$
En 3 jours............................	0 41
En 6 jours............................	0 88
En 11 jours............................	1 50
En 20 jours............................	2 09
En 28 jours............................	2 32
En 33 jours............................	2 47

Soit 24,7 pour 100.

C'est là un maximum qui, dans les différents essais entrepris comparativement, n'a jamais été dépassé.

Les extraits dont la soudure a été traversée ne diffèrent des autres que par une consistance plus molle et une proportion d'eau plus élevée.

Il n'y a pas de traces apparentes d'altérations; convenablement assaisonnés, ils donnent, avec le pain, une soupe agréable au goût et à l'odorat.

La composition se rapproche de celle qui est indiquée par Liebig :

	Pour 100.
Eau............................	16 à 21
Substances sèches............	79 à 84
Cendres............................	18 à 22

L'acidité, représentée en acide sulfurique monohydraté, varie entre $4^{gr},10$ et $5^{gr},20$ pour 100. Dans les analyses de Liebig, citées par Wagner (1), il n'est pas

---

(1) WAGNER, *Chimie industrielle*. Paris, Savy, 1879).

question de cette acidité, dont le rôle cependant est considérable ; car, si elle favorise la conservation de la denrée, elle est aussi la principale cause de l'altération des soudures. Celles-ci, en effet, qui ne renferment pas moins de 42 pour 100 de plomb, sont lentement attaquées par les acides, comme le prouvent plusieurs expériences.

I. Un fragment d'étain du commerce à 1,90 pour 100 de plomb, laissé dans l'extrait pendant trois mois, a perdu 5 milligrammes ; un fragment de plomb ordinaire de même poids (3 grammes) a perdu trois fois plus.

II. Des fragments semblables, amenés à l'état de lamelles, ayant la même surface, plongés dans des solutions contenant 8 pour 100 d'acide lactique, ont perdu, en un mois ; l'étain, 0^{gr},015, et le plomb, 0^{gr},045.

III. Voici quelques données plus rigoureuses, en contradiction avec d'anciennes recherches de Proust (1), mais conformes aux expériences plus récentes de Pleischl (2) et de Roussin (3).

On a mis dans quatre flacons bouchés à l'émeri :

A. 3^{gr},344 d'un alliage d'étain à 53,8 pour 100 de plomb, avec 40 centimètres cubes d'une solution titrant exactement 6,48 pour 100 d'acide acétique (C⁴ H⁴ O⁴) ;

B. 1^{gr},303 d'un alliage d'étain, à 54,5 pour 100 de plomb, avec 40 centimètres cubes d'une solution à 2,28 pour 100 d'acide acétique ;

C. 1^{gr},480 d'un étain de commerce contenant 1,88 pour 100 de plomb, avec 40 centimètres cubes de la même solution acétique ;

---

(1) PROUST, *Recherches sur l'étamage du cuivre, la vaisselle d'étain et la poterie. (Annales de chimie,* t. LI, 1804.)

(2) *Zeitschrift für Chemie,* 1862, p. 46.

(3) ROUSSIN, *Étude sur la composition des vases en étain du service des hôpitaux militaires (Mémoires de médecine et de pharmacie militaires,* t. XIV, p. 167, 1865).

D. 0^{gr},807 d'étain chimiquement pur, avec 40 centimètres cubes de la même solution.

Les métaux ont été amenés par le martelage à l'état de plaques mesurant, la première, 525 millimètres carrés ; la deuxième, 325 millimètres carrés ; la troisième, 350 millimètres carrés, et la quatrième, 300 millimètres carrés. Ces plaques, avant les pesées, ont été frottées, lavées et séchées.

Après un contact de quatre mois, les flacons ayant été agités de temps à autre, on a retiré les plaques et on les a lavées avec le plus grand soin, de façon à détacher le dépôt qui les recouvrait, puis on les a séchées et pesées.

La première a perdu 0^{gr},043, soit 1,285 pour 100 et 0^{gr},0081 pour une plaque de 1 centimètre carré. La liqueur acétique contenait en solution 0^{gr},014, et à l'état de dépôt insoluble 0^{gr},035 ; le plomb et l'étain ont été de part et d'autre caractérisés très nettement : on a trouvé dans les deux résidus 0^{gr},024 d'étain.

La plaque *B* a perdu 0^{gr},020, soit 1,534 pour 100 et 0^{gr},0061 par centimètre carré. La liqueur acétique contenait en solution 0^{gr},009, et à l'état insoluble 0^{gr},027 ; le plomb et l'étain ont été caractérisés très nettement : il y avait dans les deux résidus 0^{gr},009 d'étain.

La plaque *C* a perdu 0^{gr},014, soit 0,945 pour 100 et 0^{gr},004 par centimètre carré. La liqueur acétique retient en solution 0^{gr},005 et à l'état insoluble 0^{gr},010. Dans le premier résidu, il y a de l'étain et des traces seulement de plomb ; dans le second, les deux métaux sont nettement caractérisés. Dans les deux, on a trouvé 0^{gr},012 d'étain.

La plaque *D* a perdu 0^{gr},018, soit 2,230 pour 100 et 0^{gr},006 par centimètre carré. La liqueur acétique retient en solution 0^{gr},009 et à l'état insoluble 0^{gr},010. Ces deux résidus, traités comme les précédents par l'acide

nitrique, ont donné 0^{gr},019 d'acide stannique, correspondant à 0^{gr},015 d'étain.

Les deux premières plaques avaient une teinte ardoisée ; la troisième et surtout la quatrième avaient l'aspect
de l'argent mat.

L'acidité des liqueurs n'a pas varié d'une façon
appréciable.

CONCLUSIONS

Tous ces faits, rapprochés, conduisent à ces conclusions :

1. L'étain, le plomb et leurs alliages, en *quelque proportion que ce soit*, sont attaqués très lentement par les
acides les plus faibles contenus dans les conserves alimentaires.

2. L'attaque est en rapport direct avec la surface en
contact.

3. L'étain employé à la fabrication du fer-blanc, qui
contient des traces de plomb et 1 à 2 centièmes de
cuivre et d'autres métaux, offre plus de résistance aux
acides des conserves que l'étain chimiquement pur ou
chargé de plomb.

4. Aujourd'hui que l'industrie ne conteste plus la pos-
sibilité de faire des soudures à l'étain fin (1), il y aurait
lieu de ne tolérer, pour toutes les soudures de boîtes
de conserves, que l'étain employé à la fabrication du fer-
blanc. On verrait ainsi disparaître ces soudures plombi-
fères que l'on trouve si souvent à l'intérieur des boîtes de
provenance étrangère (2), et avec elles, sans doute,

---

(1) *Recueil des travaux du Comité d'hygiène publique de France,*
t. XIX, 1889.

(2) J'ai trouvé fréquemment, dans des produits étrangers, des soudures intérieures, très habilement faites d'ailleurs, qui contenaient 45 à
50 pour 100 de plomb.

bien des méfaits dont on charge actuellement un métal qui de tout temps, a passé pour inoffensif (1).

(*Revue du service de l'intendance*, novembre-décembre 1890. — *Journal de pharmacie et de chimie*, 5e série, t. XXIII, 1891.)

---

(1) Voir : *Recherches chimiques sur l'étain* ou réponse à cette question : *Peux-t-on sans danger employer les vaisseaux d'étain dans l'usage économique?* par BAYEN, pharmacien en chef des camps et armées du roi. Paris, 1781.

Note sur la présence de l'acide cyanhydrique dans les semences du néflier du Japon.

Le néflier du Japon (*Bibacier, Eriobotrya Japonica*), importé en Algérie à la suite de notre colonisation, tend à se propager de plus en plus tout le long du littoral. Il a le port d'un grand arbrisseau ; ses feuilles sont persistantes ; ses fleurs, réunies en bouquet, ont une odeur qui rappelle l'aubépine ; ses fruits ont le volume d'une petite prune. Ils sont jaunes, ronds et gorgés d'un suc abondant ; à l'intérieur, ils présentent rarement une, le plus souvent deux, quelquefois trois et même quatre semences.

On mange ces fruits en mai. Je les ai examinés à leur maturité complète ; leur pulpe contient en moyenne 73 pour 100 de parenchyme et 24 de jus. L'acidité de ce suc est représentée par 0^{gr},289 pour 100 d'acide sulfurique monohydraté. Le sucre, avant l'intervention des acides, s'y trouve dans la proportion de 5^{gr},87 pour 100 ; après l'action de l'acide chlorhydrique, cette proportion atteint 10^{gr},38 : il y aurait par suite à peu près autant de sucre réducteur que de sucre non réducteur.

Les semences, transformées par addition d'eau en pâte fluide ont fourni à la distillation un liquide lactescent, doué d'une forte odeur d'amande amère, dans lequel il a été facile de caractériser très nettement l'acide cyanhydrique. La moyenne des dosages que j'ai effectués volumétriquement par le procédé Buignet m'a donné pour 100 grammes de semences (valeur moyenne de 47 nèfles d'un poids de 345 grammes) 52 milligrammes d'acide cyanhydrique anhydre correspondant à 52 centigrammes d'acide médicinal. C'est la quantité d'acide cyanhydrique contenue dans 100 grammes d'eau de laurier-cerise préparée d'après le Codex.

L'ingestion des semences du néflier du Japon serait donc loin d'être inoffensive (1).

(*Journal de pharmacie et de chimie*, 4ᵉ série, t. XXIV, 1876.)

---

(1) Le docteur Bertherand, d'Alger (*Journal de médecine et de pharmacie de l'Algérie*, juin 1885) cite l'empoisonnement non suivi de mort d'un enfant de 10 ans qui avait mangé des semences de bibacier.

Note sur la présence du cuivre dans les huîtres.

Les analyses rapportées dans cette note ont été entreprises sur des huîtres expédiées d'Oran à Orléansville, vers la fin du mois de mars dernier. Ces huîtres, dites *de Portugal*, offrent une coloration verte remarquable en ce sens qu'elle est à peu près générale ; toutefois, les lobes du manteau paraissent moins teintés que les branchies et les autres organes de la région centrale. Lorsqu'on les maintient quelques secondes dans la bouche en les pressant avec la langue contre le voile du palais, elles laissent une sensation d'amertune et d'âpreté très manifeste ; mises en contact pendant quelque temps avec une lame de fer bien décapée, elles déposent une mince couche rouge de cuivre métallique.

J'ai cherché à doser ce cuivre en le précipitant sous l'influence du courant électrique : à cet effet, j'ai mis à profit les dernières observations de M. Riche, relatives à l'emploi de la pile dans le dosage des métaux, et j'ai pu constater l'extrème sensibilité de ce mode d'analyse (1).

Deux huîtres privées de leurs coquilles ont été triturées dans un mortier et placées dans une capsule de

---

(1) Riche, *Note sur la présence fréquente de l'acétate de cuivre dans les vinaigres commerciaux et sur le dosage de ce métal (Journal de pharmacie et de chimie,* 4ᵉ série, t. XXVI, 1877).

Rochorches.

porcelaine avec 200 grammes d'eau distillée, contenant 4 grammes d'acide sulfurique pur. On a maintenu l'ébullition pendant plusieurs heures, en ajoutant de temps à autre de l'eau acidulée pour conserver à peu près le même volume, puis on a exposé le tout à l'action d'un petit élément de Bunsen dont les deux électrodes étaient constituées par deux lames de platine rigoureusement tarées.

Au bout de seize heures, il s'était déposé sur l'électrode négative, sous la forme d'un enduit adhérent rouge, 6 milligrammes de cuivre. Je me suis assuré par évaporation des eaux mères et calcination du résidu que tout le cuivre avait été précipité.

J'ai opéré de la même manière sur d'autres huîtres prises isolément : l'une a fourni $3^{mms},5$ de cuivre, l'autre 3 milligrammes. Ces données correspondent à environ 12 milligrammes de sulfate de cuivre et 17 milligrammes d'acétate basique.

Les écailles, en solution nitrique sursaturée par l'ammoniaque, n'ont produit aucun dépôt sur l'électrode négative.

J'ajouterai que parmi les personnes auxquelles étaient destinées ces huîtres, les unes les ont rejetées à cause de leur couleur et les autres les ont absorbées sans en avoir été incommodées. Le fait peut paraître intéressant à signaler après tout ce qui a été écrit sur la toxicité et la non toxicité des sels de cuivre.

(*Journal de pharmacie et de chimie,* 4ᵉ série, t. XXVII, 1878.)

Sur l'aluminium.

Vers la fin de l'année dernière, MM. Lubbert et Roscher ont annoncé que l'aluminium était attaqué par le vin, l'eau-de-vie, le café, le thé et, par suite, impropre à la confection des bidons de campagne ou d'autres récipients de même nature. La nouvelle, propagée par les journaux, arrivant au moment où de récents procédés de fabrication reposant sur l'emploi de l'électricité ont abaissé le prix de l'aluminium dans des proportions imprévues, a fait naître, pour l'avenir de ce métal, des craintes qui ont été partagées par l'administration de la guerre.

Les expériences suivantes (1) ont été entreprises dans le but de contrôler les assertions des chimistes allemands et d'apporter de nouveaux faits à l'étude de l'aluminium. Le métal employé est de la tôle d'aluminium fabriquée en France, telle qu'on la trouve dans le commerce; elle a une épaisseur de 1 millimètre et pèse $27^{gr},75$ par décimètre carré (2).

---

(1) Au cours de ces expériences a paru un travail de MM. Lunge et Schmid atténuant la portée des conclusions de MM. Lubbert et Roscher. MM. Lunge et Schmid ont étudié l'action des acides acétique, borique, butyrique, citrique, phénique, salicylique, tartrique; de l'eau-de-vie, du café, de la bière, du thé et du vin. Leurs expériences n'ont duré que six jours. (*Moniteur scientifique de Quesneville*, avril 1892.)

(2) La tôle d'aluminium servant aux essais contenait 3 pour 100 d'impuretés (fer et silicium). Ces impuretés, qu'il y aurait grand inté-

Pour les essais, on a pris des lames de 5 grammes mesurant 18 centimètres carrés et présentant, par suite, en tenant compte de leur épaisseur, une surface très rapprochée de 38 centimètres carrés. Ces lames, avant d'être mises à l'épreuve, ont été nettoyées avec tous les soins désirables, de même que les récipients dans lesquels on a opéré. Dans les pesées qui ont suivi, elles ont été préalablement frottées avec une brosse à ongles, lavées à grande eau et parfaitement essuyées.

1. *Action du chlorure de sodium.* — Dans les solutions même les plus étendues, on remarque, en quelques points seulement, la formation de petites proéminences blanches, qui se détachent en partie par agitation du flacon. Après frottement, on constate qu'au-dessous de ces centres isolés le métal a été légèrement corrodé. La lame entière apparaît comme recouverte d'une très mince patine qui donne au métal un aspect plus terne.

Au fond des flacons, il s'est déposé un précipité blanc gélatineux, d'apparence assez volumineuse, mais se réduisant à presque rien par la calcination. Il y a traces de fer dans ce dépôt, et la présence de ce métal semble avoir favorisé l'attaque de l'aluminium. Cette attaque n'est pas en rapport avec le degré de concentration des liqueurs.

	PERTES	
	pour 5 gr. de tôle.	pour 100 cq.
	gr.	gr.
Solution à 10 pour 100 de chlorure de sodium, du 6 février au 7 juin....................	0ᵍʳ015	0.039
Solution à 5 pour 100, du 6 février au 7 juin..	0.047	0.045
Solution à 0,5 pour 100, du 7 février au 8 juin.	0.046	0.043

2. *Action de l'eau.* — Avec l'eau de Seine filtrée, on

---

rêt à faire disparaître, car elles favorisent l'attaque du métal, ont eu pour effet d'élever sensiblement le poids de la tôle : 27ᵍʳ,75 par décimètre carré au lieu de 26ᵍʳ,67 que l'on devrait obtenir avec l'aluminium pur.

observe, mais à un moindre degré, les faits signalés pour les solutions de chlorure de sodium.

	PERTES	
	p' 5 gr.	p' 100 cq.
Du 8 février au 21 février........	0.005	0.014
Du 6 février au 5 juin...........	0.009	0.025

Une lame mise dans une grande capsule de porcelaine remplie d'eau de Seine et maintenue pendant quarante-cinq jours au-dessus d'un poêle à une distance de 25 centimètres, s'est recouverte d'un enduit calcaire mais sans être attaquée sensiblement. Après avoir enlevé les incrustations à l'aide de l'acide sulfurique étendu, le poids a été trouvé le même qu'au début.

3. *Action de l'acide acétique.* — La solution acétique employée titrait exactement 2,28 pour 100 d'acide acétique monohydraté. Le métal se recouvre d'un léger enduit noirâtre, qui cède d'ailleurs au moindre frottement du pouce; il apparaît alors d'un beau blanc d'argent. Pas d'attaques locales; au fond du flacon, très faible dépôt, dans lequel on retrouve le fer.

	PERTES	
	p' 5 gr.	p' 100 cq.
Du 6 février au 9 juin...........	0.029	0.078 (1)

4. *Action du vinaigre.* — Vinaigre blanc du commerce titrant 6,5 pour 100 d'acide acétique. Mêmes observations que pour l'acide acétique, dépôt plus abondant.

	PERTES	
	p' 5 gr.	p' 100 cq.
Du 6 février au 7 juin...........	0.132	0.349

5. *Action de l'acide tartrique.* — En solution à 5 pour 100. Mêmes observations que pour l'acide acétique.

---

(1) J'ai obtenu autrefois pour l'étain, dans des conditions semblables (voir page 284).

	PERTES pour 100 cq.
Etain chimiquement pur.........................	0 gr. 30
Etain à 1;88 pour 100 de plomb..................	0 gr. 20

	PERTES	
	p' 5 gr.	p' 100 cq.
Du 8 février au 5 avril............	0.016	0.044

6. *Action du bi-tartrate de potasse*. — En solution à 0,5 pour 100. Mêmes remarques.

	PERTES	
	p' 5 gr.	p' 100 cq.
Du 9 février au 9 juin............	0.016	0.044

7. *Action du phosphate de soude*. — Solution de phosphate de soude pur à 10 pour 100. Pas d'action.

8. *Action de l'alcool*. — Dans l'alcool à **60 degrés** (l'eau-de-vie de troupe doit avoir au moins **47** centièmes d'alcool), on ne remarque rien d'anormal **après** deux mois.

9. *Action du tanin*. — En solution à 4 pour 100. Le métal a pris une teinte terne, qu'il conserve après le frottement au pouce. On remarque quelques petites proéminences noires qui se détachent d'ailleurs facilement. La lame, en ces points, présente une légère érosion ; l'attaque semble avoir été favorisée par la présence du fer. La solution de tanin a noirci sensiblement.

	PERTES	
	p' 5 gr.	p' 100 cq.
Du 8 février au 9 juin............	0.013	0.033

10. *Action du vin*. — Vin rouge ordinaire à 9,5 pour 100 d'alcool. La lame ne porte aucune trace d'attaque ; par frottement au pouce, il se détache un enduit noirâtre, et le métal a l'aspect de l'argent. La saveur du vin n'est pas modifiée.

	PERTES	
	p' 5 gr.	p' 100 cq.
Du 6 février au 8 juin (flacon plein, bien bouché)................	0.007	0.020
Du 9 avril au 9 juin (flacon ouvert, vin très acide)................	0.036	0.097

11. *Action de la bière.* — Bière brune ordinaire à 4 pour 100 d'alcool. Mêmes observations que pour le vin.

	PERTES	
	p' 5 gr.	p' 100 cq.
Du 18 février au 9 avril (flacon plein bien bouché)...............	0	0
Du 9 avril au 8 juin (flacon ouvert, bière acide)...................	0.011	0.030

12. *Action du cidre.* — Bon cidre de Normandie. Mêmes observations que pour le vin.

	PERTES	
	p' 5 gr.	p' 100 cq.
Du 8 février au 9 avril (flacon plein, bien bouché)................	0.004	0.011
Du 9 avril au 9 juin (flacon ouvert, cidre acide)...................	0.020	0.055

13. *Action du café.* — Infusion de café obtenue avec 10 grammes de poudre pour 100 d'eau. Rien d'anormal après quarante-huit heures. Après ébullition pendant deux heures et quatre jours de contact, la perte est de $0^{gr},002$, soit $0^{gr},006$ pour 100 centimètres carrés.

14. *Action du sucre.* — Dans le sirop simple, très légère perte, due sans doute à l'eau.

	PERTES	
	p' 5 gr.	p' 100 cq.
Du 9 avril au 9 juin............	0.004	0.012

15. *Action du lait.* — Dans le lait froid, après quarante-huit heures, il n'y a pas d'action sensible ; une ébullition de plusieurs heures ne fait pas varier le poids.

	PERTES	
	p' 5 gr.	p' 100 cq.
Après six jours (lait aigri)........	0.002	0.006
Après onze jours (lait caillé)......	0.004	0.012

16. *Action de l'huile d'olive.* — Nulle après plusieurs mois.

17. *Action du beurre et de l'axonge.* — Nulle après quatre mois, même en faisant intervenir fréquemment la chaleur. Les lames se recouvrent d'une très légère couche noire qui s'en va au frottement, mais la perte de poids n'est pas appréciable.

18. *Action de la soupe*. — Dans les soupes maigres comme dans les soupes grasses préparées dans les casernes, il n'y a pas de pertes de poids, même après ébullition prolongée et contact de vingt-quatre heures.

19. *Action de la salive*. — On remarque quelques points d'attaque, comme ceux qui se montrent dans les solutions salées :

	PERTES	
	p' 5 gr.	p' 100 cq.
Du 6 avril au 8 juin (salive et crachats)......................	0.007	0.020

20. *Action de l'urine*. — La lame se recouvre d'une couche d'urates. Après décapage, le métal est blanc d'argent ; il y a par place quelques points légèrement corrodés :

	PERTES	
	p' 5 gr.	p' 100 cq.
Du 5 avril au 7 avril (même urine).	0.002	0.007
Du 9 avril au 17 avril (même urine).	0.014	0.036
Du 17 avril au 1er juin (urine souvent renouvelée)...............	0.022	0.058

21. *Action de l'air et de la terre*. — Une lame exposée à toutes les intempéries atmosphériques pendant les mois de février, mars et avril n'a pas varié de poids.

Enfoncée à 15 centimètres de profondeur dans la terre d'un jardin fréquemment arrosé, elle a perdu, du 22 avril au 10 juin, 0,004 par 5 grammes, soit 0,012 par 100 centimètres carrés.

22. *Action du carbonate de soude, du savon vert, de la soude et de l'ammoniaque*. — Le carbonate de soude pur en solution à 5 pour 100 et à 10 pour 100 n'a pas d'action.

Le savon vert employé au nettoyage attaque le métal

avec dégagement d'hydrogène. Après cinq jours, il y a une perte de .0^{gr},025 pour 5 grammes, soit 0^{gr},066 par décimètre carré.

Avec la soude, l'attaque est plus active qu'avec l'ammoniaque.

	PERTES	
	p^r 5 gr.	p^r 100 cq.
Soude à 0^{gr},20 pour 100 après trois heures.....................	0.065	0.171
Soude à 10 pour 100 après dix minutes.....................	0.026	0.068
Ammoniaque ordinaire (après vingt-quatre heures)................	0.008	0.021

23. *Action de l'acide phénique.* — L'acide phénique en solution alcoolique à 50 pour 100 n'a pas d'action sensible.

CONCLUSIONS

Il résulte de nos expériences que l'aluminium peut être employé avec avantage à la confection des ustensiles servant aux usages domestiques. L'air, l'eau, le vin, la bière, le cidre, le café, le lait, l'huile, le beurre, la graisse, etc., l'urine, la salive, la terre, etc., ont moins d'action sur lui que sur les autres métaux ordinaires (fer, cuivre, plomb, zinc, étain). Le vinaigre et le sel marin l'attaquent, il est vrai, mais dans des proportions qui ne sauraient compromettre son emploi. Il ne perd, en effet, dans le premier, après quatre mois que 0^{gr},349 par décimètre carré, et 0^{gr},045 seulement dans des solutions de sel à 5 pour 100.

En mettant en regard de ces expériences les propriétés physiques de l'aluminium, si bien observées par H. Sainte-Claire Deville, à qui revient sans contestation possible la gloire d'avoir inauguré la fabrication industrielle de ce métal, on reste convaincu, avec l'illustre maître (1), que l'aluminium est appelé, dans notre industrie, à jouer un rôle considérable.

C'est un métal pour ainsi dire national, car la France est très riche en minerai d'aluminium (*bauxites*) et elle dispose de forces motrices naturelles capables de produire l'électricité dans les meilleures conditions possibles. Si l'on tient compte de sa légèreté extrême autant que de sa résistance aux agents atmosphériques, on comprend tout le profit que le Ministère de la guerre en particulier peut en tirer pour le service des vivres (conservation des denrées en caisses étanches), des ambulances (ustensiles divers), de la télégraphie (fils conducteurs en aluminium), sans compter les objets multiples (galons, boutons, plaques de ceinturons, plaques d'identité, fourreaux de baïonnettes, gamelles individuelles, etc., etc.) qui, en allégeant la charge du soldat, permettraient à un moment donné d'augmenter sa réserve en cartouches.

(*Revue du service de l'Intendance*, mai-juin, 1892; — *Journal de pharmacie et de chimie*, 5ᵉ série, t. XXVI, 1892.)

---

(1) « Rien n'est plus difficile, a écrit H. Sainte-Claire Deville, que de faire admettre dans les usages de la vie et de faire entrer dans les habitudes des hommes une matière nouvelle, quelle que puisse être son utilité; mais j'ai tout espoir qu'un jour la place de l'aluminium se fera dans nos habitudes et nos besoins. » (*De l'aluminium*, p. 140. Paris, Mallet-Bachelier, 1859.)

INDEX ALPHABÉTIQUE

DES NOMS CITÉS

TABLE DES MATIÈRES

TROISIÈME PARTIE

PAIN

QUATRIÈME PARTIE

NOTES DIVERSES SE RATTACHANT A L'ALIMENTATION

Paris et Limoges. — Impr. milit. Henri CHARLES-LAVAUZELLE